乡镇聚落建筑空间形貌及环境装饰艺术研究

——以徽商、晋商建筑为例

王小斌　郎俊芳　著

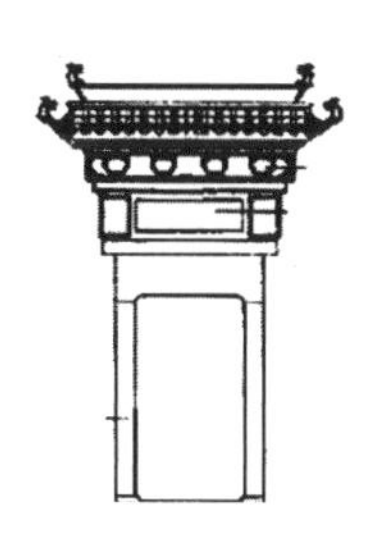

中国建筑工业出版社

图书在版编目（CIP）数据

乡镇聚落建筑空间形貌及环境装饰艺术研究：以徽商、晋商建筑为例 / 王小斌，郎俊芳著. —北京：中国建筑工业出版社，2019.5

ISBN 978-7-112-23586-5

Ⅰ. ① 乡… Ⅱ. ① 王… ② 郎… Ⅲ. ① 民居-建筑艺术-研究-中国 Ⅳ. ① TU241.5

中国版本图书馆CIP数据核字（2019）第068159号

责任编辑：刘　静　黄　翊
版式设计：锋尚设计
责任校对：王　瑞

乡镇聚落建筑空间形貌及环境装饰艺术研究
——以徽商、晋商建筑为例
王小斌　郎俊芳　著
*
中国建筑工业出版社出版、发行（北京海淀三里河路9号）
各地新华书店、建筑书店经销
北京锋尚制版有限公司制版
北京中科印刷有限公司印刷
*
开本：787×1092毫米　1/16　印张：11　字数：215千字
2019年6月第一版　2019年6月第一次印刷
定价：52.00元
ISBN 978-7-112-23586-5
（33887）

前言

中国各地域聚落与建筑是历史文化的载体，也是时代的空间文化符号，它们承载的不仅是建筑艺术和技术的成就，更记录着时代的各种发展足迹，孕育并较全面地积淀了整个华夏民族在一定时期内的文化意识、道德观念和审美趣味。徽商、晋商民居及其公共建筑作为中国传统建筑的重要组成部分，并且作为我国南北地域聚落与民居的典型代表，既有我国传统民居许多共同的特点，又因其地域条件、商业文化浸染以及风土人情而有其鲜明的地域特色。

本书结合教育部人文社会科学研究项目“基于文化形貌理论的乡镇公共建筑空间与环境设计综合策略研究”，选取皖南地区、晋中地区典型商人的民居为研究对象，笔者在前人研究成果的基础上，通过基本史料的整理、分析和实地调研，对徽商、晋商民居进行了系统的横向比较。首先，对本书的研究背景、研究范畴、前人的研究成果、研究的框架与内容等进行具体阐述。重点介绍了文化形貌理论及其在本书里的语境和相关理论思考，结合两个地域的自然背景、社会背景进行分析，了解徽商、晋商典型传统民居建筑形成和发展的基础因素。其次，从宏观、中观、微观三方面对徽商、晋商典型传统民居组群形态、基本形制和布局方式以及视觉形态进行了较为详细的比较分析，并通过形式美法则加以分析，由此得出了两地民居在建筑形态上的异同点。通过徽商、晋商典型传统民居及装饰案例的深入分析，系统阐述了徽、晋两地典型民居的木雕、石雕、砖雕艺术特征，并对装饰图案的题材内容进行分类总结，分析出装饰图案的构图特征和商人意识的审美特征，全面解析两地民居在装饰艺术上呈现的特点。最后，指出徽商、晋商传统民居的建筑形态及环境装饰艺术对现代设计的启示，总结出在当代设计中对传统建筑文化的借鉴方式，主要分为对建筑装饰元素的借鉴和对建筑空间形貌的传承两个部分。

我们在当代研究传统建筑是为了更好地延续各地域传统建筑文化的优质基因。本书通过对徽商、晋商典型传统民居建筑形态和装饰艺术的比较分析和探索，其基本想法在于为当代建筑设计提供启发，应如何汲取传统设计精髓，实现传统和现代的对话，提升我们在华夏各地域进行建筑设计与详细规划的创作水平。

目录

第1章

绪论

1.1 选题缘起

建筑作为物质实体，对历史文化、时代空间以及人文情怀有着很重要的承载力，而建筑实体与空间形貌所蕴涵的建筑艺术和技术，不仅记录着时代的印记，更承载着民族的文化内涵、意识形态、行为准则。中国传统民居建筑作为中华民族建筑史上一颗耀眼的明珠，在中华大地上有着悠久的演变历史，其类型丰富、数量繁多、分布广泛，这些都是其他国家的传统建筑所无法比拟的。中国传统民居文化在全世界形态各异的民居中可以说独树一帜，自成系统。它的历史文化不仅与人们的生活有着极大的关联，更重要的是，它是我们中华民族的人民经过长期的生活劳作，在不断总结建筑营造经验的基础上设计和建造的，而由于不同地域的不同的生活文化，也就形成了不同的建筑类型和形式，每一种建筑形式都蕴涵了极其鲜明的地域特色和文化内涵。同时，建筑的营造需要经过精心的设计和周详的思虑，这就需要劳动人民发挥他们的聪明才智和高超技艺，建筑最为直接地反映了建造时期的主流意识形态和民众的生活趣味。中国传统民居建筑不仅是中华民族建筑史上宝贵的文化遗产，也是东方建筑史上最鲜明的旗帜。

1.1.1 文化人类学与地域建筑空间形貌的文化研究启示

地域建筑空间形貌文化早已和文化人类学紧密联系在一起。首先，原始社会的地域建筑空间就是由原始社会的居民基于和自然抗争与相互适应而产生的，族群群体在一起居住生活，从事最长久、最复杂的分工协作的劳动，并开始营建自己族群与家庭的生存与生活空间。中国考古学界在很多地域的历史考古发现，例如河南殷墟二里头宫城遗址，浙江余姚河姆渡文化遗址就是这些历史文化人类学、建筑空间形貌演变的物质佐证。因而文化人类学与地域建筑空间的发展史，就客观地映照在地域的原始聚落与原始民居、合院民居、干栏民居、洞穴民居建筑之中，原始社会族群在人居建筑空间之中的各种活动，文化人类学揭示的各地域人类族群的杂交融合，也都集中地反映在建筑空间形貌之中。

文化人类学的发展离不开田野考察，人类学知识与相关结论则基于人类学田野考察中很多努力分析的结果。我们从西方近二百多年来的文化人类学研究中汲取了很多营养，同时，基于我们今天的条件，以及可以获得的大量的汉代壁画、石雕、砖雕等仍能充分感受到先民们为了生存与生活的更加自由、富裕、安详所作出的各种努力。农耕时代的人们以耕读传家，读书只是少数有经济条件的家庭的举措，对于在民间基层生活的人来说，他们都能很好地体会各种社会群体追求美好生活的坚苦与辛劳。

2009年“国际人类学与民族学联合会第十六届世界大会”在云南省会昆明市的云南大学召开，笔者有幸参加，在会后也参观考察了很多云南乡镇聚落。地处云贵高原的云南省，拥有种类最多的少数民族，民居建筑形态也非常丰富，至今仍然居住着除汉族外的25个少数民族族群。在很多偏僻的乡镇聚落地区，仍有中国乃至世界著名的文化人类学研究专家在这里调查，做田野考察、个体访谈，与当地民众一起劳动感知。受到最原初人类学方法驱动力的驱使，他们仍坚守田野调查，“乐此不疲，勤奋努力，客观记叙”，我们建筑系教师也应该坚持这种心境和学术的方法，为华夏各个地域的建筑空间形貌的文化研究作出努力和贡献。

人类作为各地域建筑空间里活生生的客观主体，其身体与大脑、五官、四肢的进化都依据地球上各不同地区的生态基因来传承。我们今天分析讨论地域建筑文化形貌与文化人类学的关系时，首先不能脱离这个国家族群的历史文化。中国民众在千百年的封建社会里已经具有“风水观”，这是我们展开综合分析研究的综合资源与视角，包括徽商、晋商营建自己长期生活的乡镇聚落及其建筑空间形貌。各地域的民居建筑与公共建筑空间都应该汲取各地域历史文化的长期滋养。通过人类学与建筑学研究对象客观存在的物质形态分析研究，上升到建筑空间形貌之间相互依存并相向发展的关联性分析，能看出人类科技与思维的进步也带动着建筑空间形貌文化的发展演进。

1.1.2 关于克鲁伯（Alfred Kroeber）的文化形貌理论及其核心内容

克鲁伯的祖先为德国人（德裔犹太人），自小就喜爱自然历史。他小时就在老师的引领下，经常去纽约市的郊外乡镇游玩，陶冶性情，“看花，看草，看树，看鸟，看一切自然景观”。这位少年从这些田野观察中获得很多实际经验，得到了在那个求知欲很强的年龄段应该获取的知识。他通过这些自然历史知识的观察学习，洞察了人类文化的现象。德裔犹太人的社会很注重子女对知识、美学和科学等多方面知识的学习。1840年他的祖父带着他的父亲（当时13岁）来到美国后来还参加了美国南北战争。他的母亲是在美国出生的德国人，德语与英语是他的家庭用语，他还学习拉丁文和希腊文，另外，家庭教师对他幼年习惯的培养影响也很大。

初中、高中时，克鲁伯家庭经济情况良好，他受到很好的高中教育，关心家庭、家族的疾苦。克鲁伯在七至八岁时就被父母送到班柏格博士的家教班[①]，班博士精力旺盛，除了教他们读书、背诵和写字之外，经常带领这些孩子在郊外及布鲁克林桥上实景讲解地理学知识，在纽约中央公园采集植物标本，搭建城堡模型，讲解古代历史

① 黄维宪，宋光宇．文化形貌的导师——克鲁伯．允晨文化实业股份有限公司出版，1982.

与战争。克鲁伯自此热爱采集标本，但他父母经常反对他做这些。德国人的家庭规范严谨而规矩，高中年代，他经常陪父母到歌剧院和音乐会堂看歌剧和听音乐会，周末陪父母外出用餐吃饭，高中考入 Sach's Collegiate Institute，是近似文法学校的高级中学，也受到良好而全面的教育。当他十六岁时，就进入哥伦比亚大学读书。

克鲁伯大学时代选择了人类学专业作为自己的学习目标，因为他喜爱对人类社会的各种问题进行思考。他偏好自然历史，兴趣非常广博，喜欢语言学，有非常强的美学感受力，也喜爱自己动手做事，就像小时候爱做植物标本一样。虽然他性格有些腼腆和羞怯，但与同龄的同学相比，他具有更多的独立思考的能力。在大学时他首先是对人文科学有浓烈兴趣，积极参加文学艺术研究和其他人文科学研究的社团，并表现出色。同时，他发现自己对“文化史”研究有浓厚的兴趣，尤其是原始民族，如印第安民族的人文精神和语言特征的整体作用，将他引入人类学学术殿堂。

在毕业后的克鲁伯还有从事人类学以及博物馆馆长工作的经历。克鲁伯长期在纽约及洛杉矶的历史及人类学博物馆担任教职及博物馆馆长，他以广博的考古学知识，热心于对很多民族的生产、生活以及艺术器物的考证。通过对这些博物馆里收藏的器物的观察、认知与思索，他积累了渊博的知识，并激发了他对人类学、民族志及印第安民族族群的语言传承的研究，甚至于对于印第安民族个体民众的关心。此种文化人类学的“文化形貌”是基于文化有形、有质的人的形态，而我们可以借助大师克鲁伯的学术思想和理论方法，来思考民族学中传统聚落的公共建筑空间形貌与景观环境设计策略。

1.1.3 传统乡镇公共空间及环境设计与历史文化形貌的关联

徽州及晋中地区传统乡镇的公共建筑空间形貌特征，包括山水形态、选址布局、建筑特征、建筑形态，中国不同地理环境中传统乡镇的公共空间的营建历史都有很大的差异。千百年来，各地域的民众都是结合家乡的地质地形、气候条件、山水环境、经济耕作以及商品生产与交换的需求，选择有水并适合生命生存与健康生活的地理位置来作市镇的选址。如今，中国的较大市镇、乡镇都是经历千百年来各地域民众的自然选择演变而来的。徽州及晋中地区多木材、石材，也可以很好地利用土壤烧制青灰砖材，从而在乡镇聚落里公共空间及民居空间的营造中来使用木材、石材与砖材，而且多以木材为主要的材料，以穿斗架、抬梁架的主体结构形式来营建安全的民居与公共建筑。

传统乡镇聚落里的公共空间与其文化的深层关联，像美德伦理、聚落八景、聚落十景等意向都是始终伴随着生活在这些空间里的民众营造人居环境美好愿景而产生的。春秋战国年代，形成了儒家、道家、法家及墨家的文化。其中墨家制造的神秘的宫城营建工具、鲁班及匠人群体所造出的灵巧的木工工具，塑造了中华各地域的建筑营造的材料结构体系和工艺体系。所以，我们今天通过徽商、晋商的乡镇聚落建筑空间典型案例的分析来推论，传统乡镇的建筑空间形貌与其文化的深层联系是全方位并具有悠久历史的，传统的家族美德和谐价值观与伦理思想在当代聚落里也得到了承传。

中央电视台曾连续播放的纪录片《记住乡愁》，向人们展示出了中华民族那些有近千年历史文化的乡镇聚落，她们长久不衰、特色鲜明，依然有内在的生命力。乡镇聚落建筑空间的文化形貌、形态结构，是以儒家文化为主导的，并有佛教、道家文化的协调和补充，这些伦理和传统文化支撑着这些建筑空间形貌。

徽州及晋中地区传统乡镇聚落的环境景观，与其周边山水环境、聚落风水意识、景观意向和地域文化形貌有密切的关联性。中国的祖先们对自己宗族、家族的生存与生活环境特别重视，营建中会结合道家“天人合一”的思想，以及后代逐渐演化而来的“易经”、阴阳八卦、六十四爻（yao）的风水观念。徽商、晋商的乡镇聚落里精英群体们观天道地势，结合大量踏勘周边地理环境的实践，观察记录山水资源、林木、稻田等生存环境以及家禽的生长情况，观察自然不断优胜劣汰的选择，并通过长期生产生活的观测、积累数据与经验，总结出中国“风水环境”学说，值得我们在当代发展形势下进行乡镇空间文化研究的参考。

当代传统乡镇的公共建筑空间增设了很多适应现代生产生活服务的建筑功能及设施，内容包括邮局、银行、互联网网吧、宾馆民宿，以及景观广场、环境小品。历史的车轮发展到今天，徽商、晋商的乡镇聚落中建筑空间的功能与业态也发生了很多的变化，增加了很多公共空间，如邮政局、接待宾馆、民宿客栈、青年旅馆、公共餐馆、互联网网吧、银行、信用社、电信局、手机商店、各种旅行的设施、修理店、停车场、公共厕所、乡村博物馆、艺术馆、咖啡馆、礼品店、工艺品店等。如2015年笔者去过的乌镇东栅、西栅等村镇，就有许多现代建筑空间形态、内容不断更新，如现代物流公司仓储、戏剧剧院、互联网会议厅以及高端人士入住的高档旅社，都不断建构了传统聚落公共建筑空间形貌和功能类型。这些变化都需要专业人士来不断观察、思考，对其中的综合设计策略进行专业的分析研究。

在中国明清经济史上，徽商、晋商并驾齐驱，17世纪到19世纪中叶，是徽商与晋商的鼎盛时期，他们活动的范围遍及全国各地。时光荏苒，商业历史的辉煌只是载入史册，但是作为徽商和晋商文化的重要组成部分的物质载体，很多徽商、晋商的民居建筑还依然保存完整。建筑是一种表现财富较为直接和实用的手法，同时华美的建筑装饰又是建筑中表达情感最灵活的载体之一。在如此特殊的社会背景和自然条件的影响下，诞生了地域特色鲜明的徽商、晋商传统民居。其通过精心的选址规划，精湛的技艺和独特的商业文化的渗透，深深地扎根于其所在的地域，既传承了中华民族的人居历史文化，也反映出徽商、晋商雄厚的经济实力对民居建筑的影响，显示出集建筑、雕刻于一体的高超的综合艺术，这些建筑艺术的精品对后人研究徽商、晋商文化和两地的传统建筑艺术和技术具有重要的作用。

当我们在领悟与思考凝聚在传统民居建筑中的丰富内涵时，要如何继承和发展其文化精髓，也是一项深刻并且艰巨的任务。如今，新中式以及各种具有传统地域特色的当代建筑创作的思考与行动，正成为一种规划设计趋势，这无疑是对中国传统文化的回归和认同。然而，如何发扬传统民居建筑形态及装饰艺术的美学价值和文化特色，提取出应用于现代室内设计、建筑设计以及景观园林及规划的设计理念和具体方法是本书研究的主要内容。

1.2 研究范畴及概念界定

1.2.1 研究范畴界定

1. 时间范畴

广义上的晋商，即山西的商人，其历史可以上溯到《礼记·月令》所记载晋国的原始交易活动："开放关市，招徕商贾，以有易无，各得所需，四方来集，远乡都到"；隋末唐初的武士彟是早期山西商人的杰出代表，作为木材商人投资李渊父子。狭义的晋商，也就是通常意义上所指的明清时代的山西商人，十大商帮之一。明朝中叶，随着中国手工业和商贸活动的发展，中国出现资本主义萌芽，山西地区的商人凭借自身的经商才能和资源条件等优势，快速发展，成为一种以地缘关系聚集在一起的商行帮会群体。明清时期晋商一度成为中国十大商帮的翘楚，晋商的驼帮、船帮和票号行商天下。晋中地区晋商大院的蓬勃建设与晋商的发展密不可分。晋商兴盛于明清时期，晋商大院也多始建于这两个朝代。商业的繁荣使晋商拥有了雄厚的财富，而强大的资金支撑了晋商大院庞大的建设规模。同欧洲大教堂的建设类似，晋商大院也不是一蹴而就的，庞大的院落多需要数十年甚至上百年间几代人的修建。但晋商的繁盛依赖社会的稳定，清朝覆灭、军阀混战的社会形势，使晋商逐渐衰落，晋商大院的建造也随之停止。历史上关于徽商的记载，也可追溯到唐代，但严格意义上的徽商，却只是到明代才算形成。

因此，本书所研究的徽、晋商人传统民居，时间范畴为徽商与晋商二商帮最兴盛的明清两朝，这段时间是徽商与晋商的民居建设的黄金时期。在这段时期中，徽商与晋商资本积累达到顶峰，有雄厚的财力支持家宅建设，因此徽商与晋商的民居也随之在形式、规模、工艺等各方面有了较高层次的发展。此外，由于明清距离当代的时间跨度很小，于此段时间建设的各地域民居历史较短，大多未遭受时间的侵蚀和战乱的损害，传统形态保持较好，便于研究。作为先后成为中国商帮之首的徽商与晋商，其居住建筑是中国最典型传统商业文化的载体，是农耕社会的传统商品经济对人们生活影响的具体表现。

2. 地域范畴

徽商即出生在徽州府地区的商人，徽商民居自然分布在徽州。徽州位于皖南地区，唐代称为歙州，自唐代起歙县、黟县、休宁、祁门、绩溪、婺源等六县归于歙州，自此“一州六县”的行政建制延续一千多年。自宋宣和三年始，歙州改名为徽州，徽州区划一直延续至今，新中国成立后，由于国家几次行政区划调整，为了更好地发展地域旅游产业经济，徽州地区改为黄山市，分为屯溪区、徽州区、黄山区，辖五县，分别为歙县、黟县、休宁、祁门、太平，绩溪划归宣城地区，而婺源划为江西省管辖。这些地区具有相同的自然、地理条件、相近的文化背景、思想观念、礼仪风俗和相似的生活方式，从而发展出相同的民居建筑风格与基本形态，这种民居建筑风格即徽州建筑风格。其中，尤其以黟县宏村、西递为代表，本书的研究范围就确定在这个区域（图 1-1）。

作为一个特殊的社会群体，山西商人集团有着自己独立而完善的文化体系。山西土地上到处都有晋商在明清两朝发家致富的奇迹，因此晋商文化孕育出的晋商民居，也遍及山西各地。其主要分布于山西的南部、东南部、中部和西北部，具体为山西南部的平陆、万荣、襄汾、临汾，山西东南部的阳城、沁水、晋城，山西中部的灵石、太谷、平遥、祁县、榆次，山西西北部的保德、定襄、朔州、怀仁、大同等地。由于山西各地地形和气候有较大的不同，因此各地人的生活状态也因为

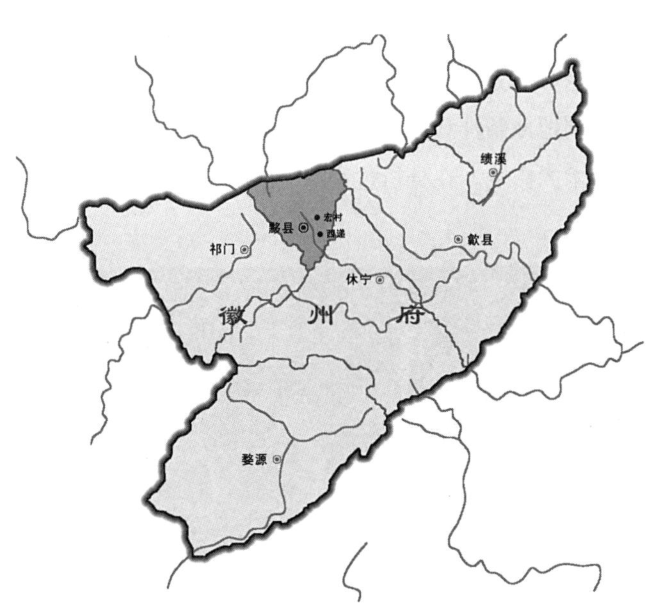

图 1-1　徽商民居研究地域范畴

客观的自然原因差异较大。山西古代的一首民谚就形象地描述了这种现象：“欢欢喜喜汾河湾，哭哭啼啼吕梁山，凄凄乎乎晋东南，死也不去雁门关。”由于商业文化的影响，山西各地商人的民居表现在建筑的文化特色上有相似性；但不同地区的晋商民居其所处的具体自然环境又有或大或小的差异，表现在晋商民居上为在建筑形态层面各具特色，形式多样。明清时期晋中地区出现的晋商较多，因此在晋中地区的晋商大院也相应较多。晋中地区的商人经营类别多为票号，获得利润较多，因此晋中地区的商人在晋商集团中财力最为丰厚，导致晋中地区的晋商大院在规模上和豪华程度上都处于上层，装饰的使用也更为普遍精致。因此，本书研究晋商民居的地域范围为晋中地区，而晋中地区的晋商大院则以王家大院为冠，所以王家大院是本书着重研究的晋商大院案例（图 1–2）。

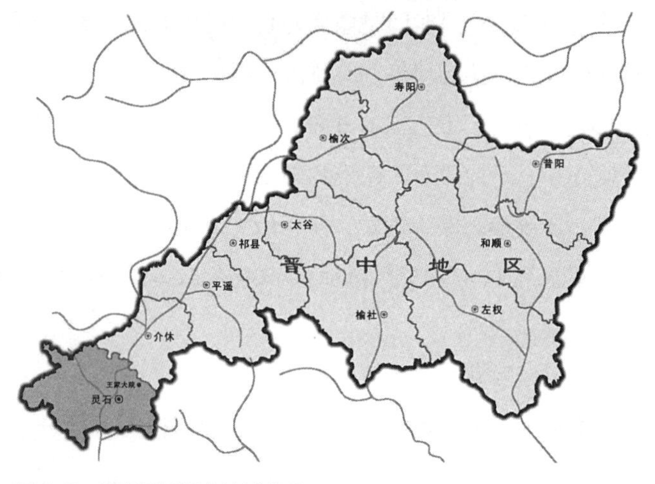

图 1-2　晋商民居研究地域范畴

本书以徽商、晋商的典型传统民居，即选取山西晋中地区王家大院和皖南地区黟县宏村承志堂、西递桃李园等典型院落民居为重要的研究对象（图 1–3）。笔者通过实地调研获得第一手资料后，采取实例分析并和理论相结合的方法对两地典型商人民居进行比较研究分析，比较分析的核心内容为两地的人文地理背景、环境景观、建筑形态、装饰艺术等方面，探讨在不同地域条件和文化背景下，明清时期的商业文化对徽商、晋商民居建筑形态及装饰艺术的影响。在分析过程中，尝试运用以小见大的研

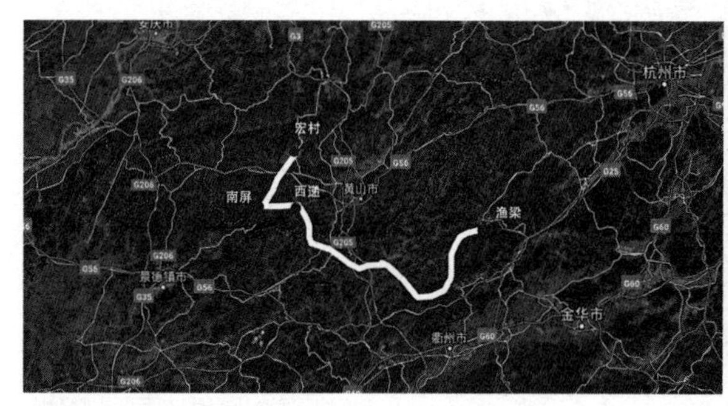

安徽民居

山西民居

图 1-3　笔者调研路线

究思路，以典型案例为主、兼论其他相类似的民居空间形态和装饰艺术，相互印证、比较分析、把握重点，总结规律性的营造方法，并进一步研究古人的设计理念与思路，运用和借鉴到现代建筑设计与装饰设计中。

1.2.2 建筑形态

形态，顾名思义，指形式和神态。《辞海》中的词义："形态与神态"。唐代画家张彦远评论唐代另一位画家冯绍正"尤善鹰鹘鸡雉，尽其形态，觜眼脚爪毛彩俱妙"，此处"形态"二字，便是此意。形态一词表达了"形"和"态"两个层面的含义。事物的"形"即其本身的外部形式，是视觉可以直接观察到的特点；"态"即神态，事物本身并不具有，是人对其"形"的主观感受。事物的形态是对事物客观与主观相结合的一种认识。因此，建筑形态，既是建筑本身的样式，也是人们看到建筑以后的视觉感受。布正伟先生认为不同的建筑形态能表达欢快、凝重、活泼等不同的气氛，犹如人的面部表情形态所表达出来的喜怒哀乐，即建筑具有表情。

本书着重研究的是民居建筑的建筑形态。《大不列颠百科全书》中有关居住的描述：一要有"避风雨，御寒暑"的庇护所 (shelter)，即房屋建筑；二要有适应群居的聚居地 (settlement)，包括自然聚落、集镇以及城市等。居住建筑的建筑形态即可分为单体建筑形态与聚落形态。

关于单体建筑，挪威建筑理论家 N・B・舒尔茨 (Norberg Schulz) 提出，建筑语言由拓扑学 (topology)、形态学 (morphology) 和类型学 (typology) 组成。其中，形态学是关于建成形式的"如何"，即位置、周界、内外关系的描述。对单一建筑而言，即"形式处理"，往往以它们如何存在于天地之间来理解：即站立、升起和开洞。

聚落形态指聚落在地表所呈现的景观。聚落形成过程中的影响因素不同，如居民的行为模式、民俗特征、谋生手段和聚落所处自然环境等，导致聚落形态各异。聚落形态具体包括：地块形状、路网、田地与建筑的关系、建筑的间距、单体建筑的形态等。

1.2.3 装饰艺术

装饰艺术英文为 Decoration art。关于"装饰"，"Decoration"一词最早于 17 世纪出现，词义是艺术修饰；"装饰"一词最早出现于 5 世纪，范晔《后汉书・梁鸿传》中有"女求作布衣、麻屦，织作筐缉绩之具。乃嫁，始装饰入门。"此处"装饰"为梳妆打扮、修饰容貌之意。

装饰艺术简单理解就是对事物进行装饰的艺术，具体来说是对具有某种功能的物品进行不损失其功能的美化。与绘画、话剧、摄影等艺术作品不具有功能不同，装饰艺术需要依托于某些被装饰的功能主体，而不是能独立存在的艺术形式。装饰艺术存在于人们生活的方方面面，在各种层面都有所体现，其领域与环境艺术设计、室内设计、工业设计等都有交叉，属于工业美术的范畴。人们日常使用的各种物品，如装潢、服饰、家具、路灯等上面的装饰，都属于装饰艺术。

作为附着于功能主体的艺术形式，装饰艺术具有双重性。一是其装饰依附于主体，与主体功能相符合，是在保证功能前提下的美化，不破坏主体功能，是对功能主体艺术性的提升。二是装饰艺术的艺术价值是可以独立于主体功能之外的，如我国传统的手工艺品砚台，其功能是研墨的载体，其上的雕刻与造型都是砚台的一部分，密不可分，但巧妙的造型与精美的雕刻本身就是中国传统艺术的结晶。如四大名砚，每一座都是绝伦的艺术品，其艺术价值和观赏价值是可以超脱砚台功能之外的。因此，装饰艺术是一种比较特殊的艺术形式，既与功能主体密不可分，又在艺术层面游离于功能之外。

1.3 研究现状

建筑起始于居住建筑，居住建筑是反映人类生存条件和社会文化的直接载体。梁思成先生是中国传统民居研究的开创者，他们夫妻俩在进入营造学社后对《营造法式》的系统研究，起始了中国对传统民居建筑的研究之路。随着研究方法和专业技术的进步，在近二三十年间，我国对传统民居建筑的研究有了长足的进步，取得了丰硕的成果。研究形式也随着学科交流的增多，由建筑学领域扩大为美学、社会学、文学、艺术学、历史学等领域的跨学科研究。研究内容丰富多样，文献、书籍等也较为广泛，其中包括各地民居的专项书籍、学术论文、设计方法、营建技术、旅游、摄影艺术等多方面的研究。1980 年代初期以来，进入了研究中国传统民居的高潮期，国内先后出版了《安徽民居》、《山西民居》、《云南民居》等一系列的研究地域性传统民居建筑的专著。综合性研究传统民居建筑的专著有陆元鼎先生所著的《中国民居建筑》(上、中、下三卷)及《中国传统民居与文化》等，分别叙述了中国传统民居的自然背景、人文历史、建筑形制、构造形态、审美特征等方面，为中国传统民居的研究提供了宝贵的理论基础资料，为中国传统民居建筑的后续研究提供了良好的基础。在对中国传统民居建筑的研究中，也存在一些问题，例如，对传统民居的研究中个案分析多，综合比较研究不够深入，没有把具体的建筑放在较大的空间及时间范畴内去分析，看不出他们存在与发展变化的因果关系；研究方向较为单一，多学科、新视角研究较少。现今研究方向多为传统民居的空间布局、院落形态、旅游开发等单一特征

图 1-4　传统民居研究情况

的研究分析；研究理论与当代实践脱节，研究与实际保护开发脱节，可操作性有待提高。因此，对中国传统民居的研究方向，不能仅局限于单一层面，应结合现在的学科发展趋势和社会需求，与时代结合，用更宏观的视角审视民居建筑文化，并且探索具有启发性和规律性的营建体系（图 1-4）。

1.3.1　徽商民居的研究现状

徽州民居是安徽传统民居中最典型也最具有代表性的，吸引了大量国内外的专家学者来到徽州，考察研究皖南地区的聚落和传统民居建筑，体会徽派建筑所蕴涵的东方建筑魅力，徽州地区的建筑群也被誉为“东方文化的缩影”。在 1990 年代出现了研究徽州传统民居的热潮，国内外的专家学者发表了大量的相关研究专著和论文。徽州传统民居的重要聚集地，安徽黟县的西递和宏村在联合国教科文组织第 24 届世界遗产委员会上，被列为世界文化遗产，徽州传统民居是第一个列为世界遗产的民居。东南大学近些年对徽州传统聚落民居进行实地考察测绘，并相继出版了《瞻淇》、《渔梁》等专篇的测绘史料。对徽州建筑的研究成果中，比较有代表性的有：早期对徽州传统民居的研究成果是 1957 年张仲一先生等所著的《徽州明代住宅》；清华大学建筑学院的单德启先生 1998 年出版的《中国传统民居图说：徽州篇》翔实地记录了徽州民居典型聚落的建筑特色与装饰细节，2004 年出版的《从传统民居到地区建筑》中也介绍了徽州民居的建筑风格在现代建筑设计中的运用，2009 年出版的《安徽民居》深入地探讨了徽州民居特色、形成原因及文化内涵，并探讨了徽商对徽州文化的影响；装饰领域专家马世云先生 1998 年出版的《徽州木雕艺术》与《徽州砖雕艺术》详细记录了徽州建筑的装饰艺术；此外，还有宋子龙的《徽州竹雕艺术》、樊炎冰的《中国徽派建筑》等以摄影图片为主的书，洪振作的《徽州古园林》等专著，研究方向各有侧重，对后来研究徽州民居也有一定的启发意义（图 1-5）。

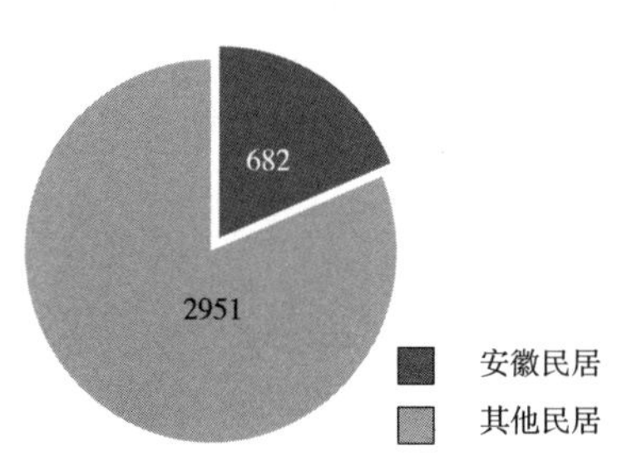

图 1-5　徽州民居研究现状

1.3.2 晋商民居的研究现状

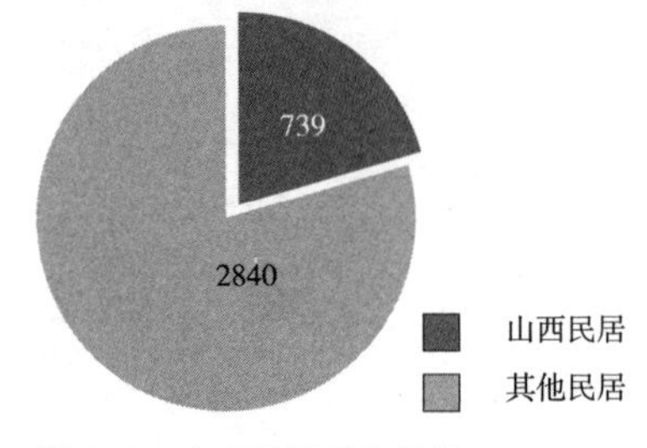

图 1-6 山西民居研究现状

山西地区地形多变，各地地质构成也不同，因此不同地区的传统民居也受自然条件影响产生不同的类型，大体可以分为：晋中窑院、晋北合院、晋西窑洞、晋东南石板屋、晋南平房等类型。山西民居历史非常久远，山西是原始人类初期活动的地域之一，旧石器时代中期在汾河流域已有早期智人的活动痕迹。而原始建筑的雏形穴居形态，在山西就发现过人类自主在黄土沟壁上挖掘窑洞式住宅的遗迹及“低坑式”窑洞的遗址。至明清两代，山西商业十分发达，商人们赚钱后在家乡纷纷修建豪华的住宅，直至民国初年，这种大型的营造活动才趋于停滞。山西境内的这些民居长期以来一直没有引起人们的重视，对它们进行系统研究起源于 1980 年代的影视和旅游，这在客观上挽救了濒临衰败、破坏的有价值的建筑遗产，此后从建筑学角度对山西民居的研究更加专业且深入。对山西民居进行测绘调研与研究保护的专业队伍人员组成主要为清华大学、天津大学、太原理工大学等的建筑院系师生，以及山西省建筑设计研究院的工作人员等，其他也有来自出版界、美术界、文物界等部门感兴趣的人士。目前，学术界对山西传统民居的研究不断加深，有越来越多的专业人士参与其中，山西传统民居现状保护与开发的模式也愈加成熟。1996 年 8 月在太原举行的中国民居学术会议对山西民居的研究保护工作具有巨大的推动作用。会议内容结合山西传统民居展开，加强了学术界对山西民居的重视，并且促进了专业学者和相关知识领域从业人员调研与研究山西传统民居的热情。清华大学、天津大学、太原理工大学结合对山西民居的测绘与研究资料，写出了大量的相关专著、论文等学术成果。对于晋中晋商民居，中国城市规划及历史名城保护专家郑孝燮先生给予了高度的重视，投入了巨大的热情，数次实地考察王家大院，其研究成果《山西灵石王家大院古民居》相应地分析了这座最大晋商民居群的建筑布局原则与设计风格。太原理工大学的朱向东与王崇恩于 2009 年出版《晋商民居》一书，也深入研究了晋商的商业行为与商业意识影响下晋商传统民居的特点（图 1-6）。

1.3.3 徽商、晋商民居比较研究现状

在对晋中与徽州传统民居的比较研究领域，现状研究较少，现有学术成果主要为学术论文层面。2000 年林川在“晋中、徽州传统民居聚落公共空间组成与布局比

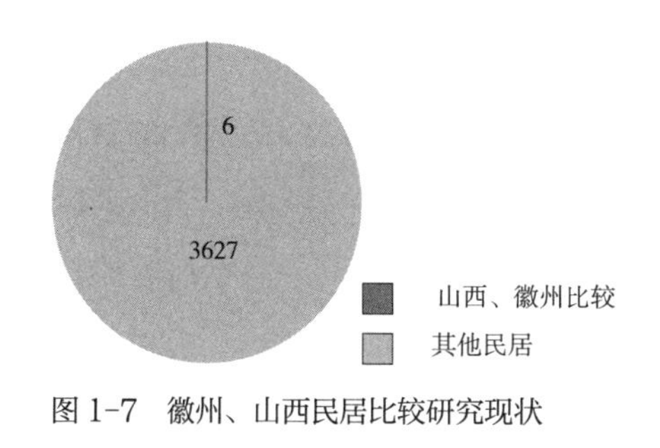

图 1-7　徽州、山西民居比较研究现状

较研究”一文中，探讨了传统的社会结构和地域文化对徽商、晋商传统民居聚落公共空间与建筑布局的具体影响，并着重探讨了两地相似的传统商业文化背景。2006 年，乔飞在“南北传统民居建筑装饰同异性探析”中着眼于传统民居的装饰艺术，阐述了传统装饰艺术的文化内涵，并探讨了晋徽两地传统装饰艺术的异同及产生原因。2007 年高颂华、李楠的“晋徽民居建筑装饰性格比较研究”一文，结合实例，在理论层面探讨了地域文化性格对建筑装饰的影响机制。2007 年，赵峰在“晋商大院与徽商园林的审美文化阐释”中从文艺学的角度，相对感性地分析了晋商大院与徽州园林的美学价值，并分析了徽商、晋商的商业道德与商业行为对晋徽建筑与园林的影响。2011 年，段亚鹏、严昭在“皖南民居与山西民居的差异性浅析”中，结合具体实例，对比了徽州民居与山西民居在平面布局、构造方式及建筑细部几个方面的区别，可作为后续研究晋徽两地民居差异的基础。2012 年，肖艺威的“晋徽传统建筑艺术形态比较分析”在艺术形态视角下，详尽地分析了各个层面晋徽两地传统建筑的相似性与差异性，并提出了对徽商、晋商的古建筑保护的具体建议。现有在对山西、徽州传统民居的研究中，综合横向对比分析少、深入研究尚不充分，缺少多学科、新视角的介入。近年来，学术界已开始从建筑艺术层面对晋徽两地建筑进行研究分析，在现有的有关晋中、徽州传统民居的专著或论文中，缺少结合美学理论对两地传统民居的美学艺术层面进行探讨。因此，本书以徽商、晋商的民居商业背景为研究的切入点，从美学艺术的角度来深入探讨晋中、徽州两地徽商、晋商典型传统民居中的建筑形态与装饰艺术，分析两地建筑艺术层面的异同及商业文化对其的影响，提出新的研究视角，拓宽现有的晋、徽商人民居的研究范畴（图 1–7）。

1.4　研究方法和内容

1.4.1　研究方法

建筑是综合性的学科，要研究地域建筑，需结合当地的自然环境、人文特征和历史背景等；研究其建筑文化，需结合该地区的文化历史脉络、生态观念和社会观念等。本书的研究方法：第一步，运用各种信息渠道，收集徽商、晋商与商业文化的资料，通过大量阅读了解背景，作为研究的基础资料与条件；对典型地域建筑聚集区进行实地考察，对分布于徽州地区、晋中地区的徽商、晋商民居进行详尽考察。第二步，整理归纳徽商、晋商两方面的资料，进行类比分析研究，并遵循从大到小的逻辑顺序对资料进行多层级的分析。第三步，对分析结果进行总结，并研究徽、晋商人民居建筑特色在当代的应用。作为传统商人的杰出代表，徽商、晋商一直是研究的热点，本书着眼的徽商、晋商的民居建筑也是中国传统民居的重要组成部分，有大量的文献专著对其进行阐述和研究。纵观现有各方面的研究成果，本书希望博采各家研究之所长，结合自身的着眼点与研究思路，分析徽商、晋商民居建筑所蕴涵的地域文化与时代文化，分析比较徽商文化、晋商文化在建筑形态和装饰艺术上的体现，探讨中国南北地域差异、文化差异对传统民居的影响，全面地认识和理解徽商、晋商民居建筑所处的环境特质和自身建筑的艺术特色。因此，本书的所有研究成果以翔实的实地调研与严谨的分析思考为坚实基础。

对徽商、晋商典型传统民居的研究方法应该采用资料收集、实地调查以及比较分析几种方法相结合的研究框架，具体研究方法如下：

（1）资料收集与归纳分析：检索收集相关专业的文献，并通过专著、期刊、地方志、网络等渠道获取信息，深入了解晋商、徽商民居各自的时代背景、地理特征、发展历程及文化内质。筛选通过查阅和调研所得的各种资料，并进一步进行分析加工，结合图片对传统徽、晋商人民居的建筑形态及装饰艺术特征进行广泛而深入的阐述和分析。

（2）实地调研考察：在徽商聚集的古徽州地区用同等标准选取西递、宏村等地的典型民居，在晋商聚集的晋中地区选取具有地域和文化代表性的王家大院、乔家大院等，赴现场调研、记录和分析。尽量保证调研所得信息准确性是对徽、晋商人古民居建筑实地调研的原则，以此作为本书科学性和真实性的有力支撑。

（3）比较分析：作对比的内容必须具有可比性，如相同领域或相似背景中的两种事物，通过对其进行比较，发现其相同点与不同点，分析相同与不同各自的内在原因，得出其价值，启迪后人。比较分析法是本书的核心研究方法。本书研究的是处于同一时代背景下不同的地域民居，分析比较两种民居建筑的建筑形态和装饰艺术，更直观地看到民居建筑的深层文化内涵和艺术价值，并探索出其背后的精神理念、技术方法，启发现代的建筑设计及装饰设计。

（4）理论与实践相结合分析：本书引入形式美法则理论，对徽商、晋商典型传统民居建筑形态及装饰艺术进行了科学的理论分析，意在研究传统民居的建筑精髓，以启迪今人对如何继承和发展传统有正确的理论依据，并结合当代的一些实践案例，总结出传统建筑对现代设计的应用启发。

1.4.2 研究内容

本书从徽商、晋商典型传统民居入手，力图通过对民居建筑形态及装饰艺术等方面的比较研究，发现其艺术形态所存在的个性和共性，并运用形式美原则、装饰图案构成形式等美学原理来加以分析，以不同的研究方式分析自然生态环境与人文环境交织共存的民居艺术形态体系。主要从以下三个部分进行研究探讨：

（1）比较分析徽商、晋商典型传统民居与公共建筑形态和空间形貌异同。

（2）比较分析徽商、晋商典型传统民居环境装饰艺术异同。

（3）探讨徽商、晋商传统民居的建筑形态及装饰艺术对现当代建筑设计的启示。

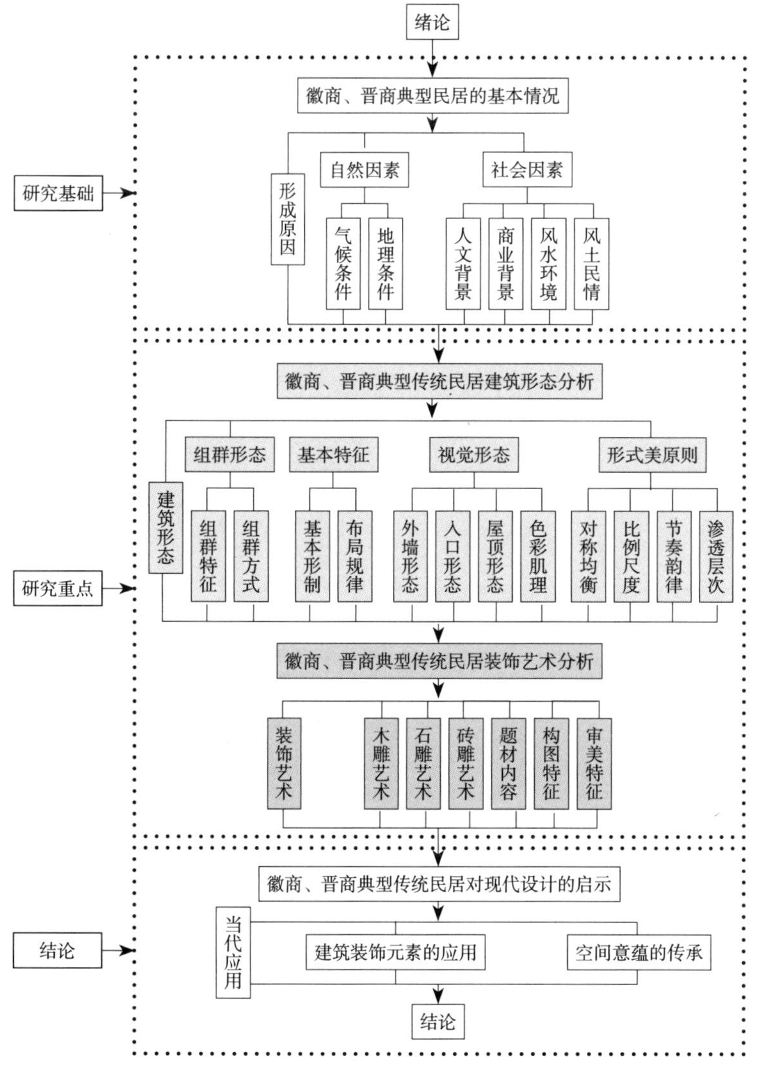

图 1-8 本书结构框架图

1.5 研究框架

见图 1-8。

本书的研究还涉及：

第一，上溯到晋中王家大院、平遥古城，徽州黟县的春秋战国间历史，阐释徽州小镇及晋中乡镇聚落公共空间及景观环境的文化形貌，以及原住民对聚落公共建筑空间规划设计与营建成果的建议和评价，并以这里的民居及公共建筑的空间形貌，以及村口、水口的景点、景观风貌为对象，认真收集相关资料，加以仔细梳理与分析研究。

第二，将明清以及近代乡镇聚落建筑空间的典型代表，结合笔者几位研究生所绘制的徽州民居及公共建筑测绘图，作客观分析整理，把这些优秀的设计图纸都用空间形貌的视角重点研究，加以剖析，尤其是从形态到功能内容，以及文化形貌的内容，实际上就是结合文化形貌的理论来分析及剖析。

第三，整体地梳理和分析。无论是徽商还是晋商，都是拥有自己的文化底蕴和聚落公共建筑空间与景观环境艺术形态特色的，这些“具有文化的形态样貌”，导致了我们今天还能看到这么多良好的公共建筑空间和景观生态环境。这些可以从人类学、社会学、建筑学等学科视角，进行后评价分析，并把这些分析的内容进行系统归纳和总结，也构成了笔者主持研究的教育部课题阶段性成果。

本章小结

本章节主要介绍了本书研究的缘起、研究的范畴及相关概念界定，分析总结了前人的研究成果，阐明了本书所采用的研究方法及主题内容，并在此基础上整理分析出了本书研究内容的框架体系，阐明了本书研究的基本组成部分和相关的结构，给出了预期的研究成果和分析研究的意义。

第2章 徽商、晋商典型民居及公共空间形成的相关因素

中国传统民居的形成，有两方面的影响要素，即自然因素与社会因素。要分析徽、晋商人民居的形成与发展，就要深入了解其自然和社会两方面的因素。具体到本书而言，所探讨的影响徽、晋商人民居形成的自然因素主要包括气候条件和地理条件，社会因素主要包括人文背景、商业背景、风水环境和风土民情等（图 2–1）。建筑根植于自然，因此自然因素是民居形成的根本因素；但建筑更是人类社会活动的主要载体，是人类社会的重要组成部分，因此社会因素是民居形成的决定性因素。而徽、晋商人民居不同于普通民居，商人是社会人群中的一个特定的群体，建筑是商人财富的物质载体，经济因素无不渗透在每一处细节之中，因此研究徽、晋商人民居的形成，在分析其社会因素时，要加入对徽商、晋商商业背景的分析，才能更准确、更全面地把握对徽、晋商人民居形成原因的研究。

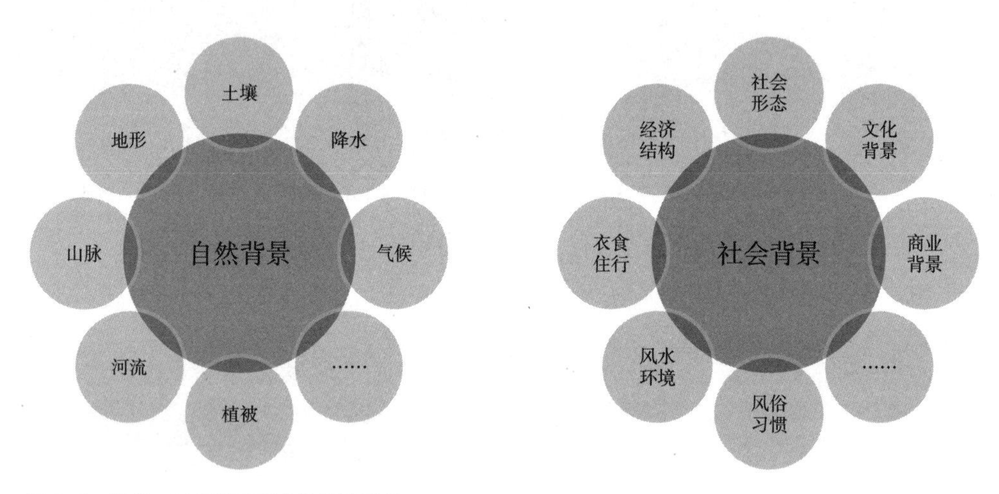

图 2-1　徽商、晋商民居形成的相关因素

2.1　自然因素

2.1.1　气候条件

安徽地处中国东部内陆中段，地形变化幅度较小，为平原、丘陵和低山。长江、淮河穿省而过。安徽位于温带与亚热带交界，受东部季风影响明显，四季分明，气候湿润，徽州地区处于安徽南部，多山地丘陵，地形多变，有“八分半山一分水，半分农田和庄园”之称。为亚热带湿润性季风气候，温和多雨。春夏季节受大气环流及西太平洋副热带高压影响，降水较多，平均年降水量 1670 mm。降水多是徽州地区重要的气候特征，在房屋营建中会多考虑雨水排泄功能需求，同时又会将聚落水系整体纳入聚落的营建之中（图 2–2）。

图 2-2 《弘海徽州府志》山阜水源总图
（资料来源：陆元鼎．中国民居建筑，中卷．广州：华南理工大学出版社，2003：407.）

位于中国内陆的山西，全省地形变化较多，高差较大。西临黄河与黄土高原，东侧有太行山阻隔，无法受到海洋季风影响，北临内蒙古，并无明显山脉阻隔，冬季冷气团直入境内，四季分明，为典型的大陆性气候。晋中处于山西中部地区，地形为盆地，属于温带大陆性气候，整体气候特征为：春季风多干燥，夏季潮湿炎热，秋季短暂温和，冬季漫长寒冷。晋中地区气候受地形影响显著，由于太行山脉削弱西太平洋海洋气候的影响，晋中较中国东部内陆其他地区整体降水为少。受降水少、风沙大等气候特征影响，对晋中民居的建筑形态产生了很大的影响，如狭长形院落、单坡式屋顶等（图 2-3）。

图 2-3　晋中民居

2.1.2 地理条件

安徽省位于长江中下游流域，整个安徽省地形变化很大，地势总体走向为南高北低，西高东低。全省从北往南可分为平原、丘陵和山区三个区域，由穿省而过的淮河和长江分割而成。平原为淮北平原，位于淮河以北，属于华北平原，平坦开阔；丘陵地区位于淮河与长江之间，为江淮丘陵，区域内东部为绵延的丘陵区，地形起伏，沿长江两侧地区为长江中下游平原的一部分，海拔较低，地形变化较小，土地肥沃；南部山区为皖南地区，地形起伏较大，多崇山峻岭。安徽全省山水资源丰富，有天柱山、大别山、九华山、黄山、长江、淮河等著名名山大川，还有位列全国五大淡水湖的巢湖。

现在的皖南地区，即古代尤其是明清时期驰名中原的徽州。徽州地区位于安徽、江西、浙江三省交会处，是安徽的东南端，建制久远，区划相对稳定。自唐代宗大历五年始，徽州府一直下辖歙县、黟县（图 2-4）、绩溪、婺源、祁门、休宁等六县，所以又被称为“一府六县”。徽州地区又被称为皖南山区，因徽州多山川丘陵，地形多变，有黄山、天目山矗立其间；徽州水系纵横，有率水、新安江及支流等。区域内山清水秀、林木茂盛，占主要面积的为山峰与丘陵，河流与盆地散布其间，人口聚集的盆地只占全域的一成，因此徽州有“八山半水半分田，一分道路和庄园”之说，体现出了徽州地区人类聚落在自然中的空间格局。因为徽州有这样山多地少的地域特点，所以为徽州人民提供的耕地空间很少，徽州人无法全部从事传统农业，因此，徽州人较其他地区有更多的人从事山地种茶或者商业。这也就是较早的徽商起源。徽商

图 2-4　黟县西递

图 2-5 山西窑洞民居

事业辉煌，衣锦还乡，大兴土木，并将经商所去的各个地域的建筑模式与当地的地域环境相结合，逐渐形成地域民居建筑——徽派建筑。

山西西临黄河中游峡谷地带，东靠太行，位于华北平原西部，东西 290 km，南北 550 km。山西地域为黄土高原，地表多覆盖深厚的黄土。山西高原由很多山脉组成，地形变化较多，七成以上的地区都是山地及丘陵等地貌，北部有北岳恒山和佛教名山五台山，南部有中条山，西部有吕梁山脉，东部是太行山脉。山形奇峻巍峨，多为名山。太原、大同、临汾、运城等山西重要城市，则分布在崇山峻岭之间的盆地中。山西境内山脉峰峦雄伟，延绵起伏，纵横排列。山西地区的黄土文化，孕育了风格独特的窑洞民居（图 2–5）。

晋中地区，顾名思义，位于山西中部，太行山脉和汾河是晋中地区东西两侧的天然屏障，东跨太行与河北相接，西依汾河与陕西相邻。北部为阳泉与太原，南部为长治和临汾，总面积 16400 km^2。全区地形由山地、丘陵、平原三部分组成，境内地层出露齐全，地貌形态多样，高低起伏显著，整个地势从东向西呈阶梯状倾斜。晋中地区山川河流等自然资源丰富，小型河流纵横全区。中国古代城镇多依河流而发源，由于河流提供了灌溉农田和饮用的水源，并且古代河运是重要的交通和商贸手段。而且自发形成的人类聚落总是会在平坦的土地上建立，因此晋中地区的灵石、平遥、太谷、祁县、榆次、介休等主要县市都分布在汾河沿岸的太原盆地中。这些地区海拔较低，地形起伏较小，土地利于开发耕种，灌溉便利，成为当地商家大院赖以生存的地理环境，孕育出了灿烂的晋商文化。

2.2 社会因素

2.2.1 人文背景

徽州地区历史悠久，有很多人物彪炳史册。如公元 5 世纪的徽州政治领袖，被唐高祖李渊封为上柱国、越国公，被徽州人民尊称为“汪王”的汪华；南宋思想家、政治家，程朱理学创始人之一的朱子朱熹；明代医学大家，新安医学奠基人汪机；明代数学家，被称为珠算之父的徽商程大位；被称为“前清学者第一人”的中国近代科学界的先驱戴震；清末中国首富，著名官商胡雪岩；近代著名爱国教育家，被宋庆龄先生誉为“万世师表”的陶行知；近代著名学者，五四运动核心人物，新文化运动领袖胡适等；还有数位当代国家领导人也都是徽州祖籍。徽州地区人民自古以来重视教育，尊崇儒家思想与文化，有尚读之民风，曾出现过“父子宰相”、“四世一品”、“一门八进士，两朝十举人”、“连科三殿撰，十里四翰林”的盛景。徽州商人同样被广泛称为儒商，他们重视道德礼仪，认为传统的道德礼仪具有重要的生活和商业意义。道德是一种约定俗成的对社会关系或社会状态的价值评判，是生活中的普遍契约关系所需要遵从的规则，并且最终发展为一种文明的表现形式，成为社会意识的重要组成部分。作为更加依赖契约精神的商人来说，道德是商业活动正常运行的重要维系，需要充分贯彻和尊重。而这种对传统道德礼仪的尊重，也在商人民居空间和建筑的设计中充分地体现。

晋中地区人杰地灵，历史上同样有很多著名的人物。有春秋时期，“割股奉君”、隐居“不言禄”的介子推，“无偏无党，王道荡荡”的祁奚；东汉末年，谋划刺杀汉贼董卓的司徒王允；东晋时期，建立后赵，称霸北方的后赵明帝石勒；盛唐时期，有“诗佛”之称的田园诗人王维；北宋时期，历仕四朝并出将入相半个世纪的贤相文彦博；清朝，三代帝师、四朝文臣，著名书法家祁寯藻；中国金融业泰斗、山西票号创始人，日升昌总经理雷履泰；建立保晋矿务公司，促成保矿运动胜利的民族实业家渠本翘等。从这些历史人物身上体现了晋中深厚优秀的传统文化底蕴，他们所表现出来的道德风范和历史贡献，是中国传统文化的重要组成部分。山西位于中原地区，早在旧石器时代就有了中华文明的痕迹，历史悠久，自古以来深受中国传统的正统思想影响。作为山西人民的一部分，晋商也受到了传统文化和道德体系的积极影响，不仅精于商业，而且诚实守信，循规蹈矩，儒家思想根植内心。而晋商的住宅建筑，也同样能够处处体现出传统文化的影响痕迹。

2.2.2 商业背景

今天人们能够看到的徽州和山西的聚落和民居，大体上形成于明清时期。这个时期，两地经商之风兴盛，徽商、晋商均闻名全国，有“富室之称雄者，江南则推新安，江北则推山右”之称。此处“山右”，即指山西。其中，徽商的兴盛期在明代中期到清代前期（乾隆时期），而晋商的鼎盛时期则主要在清代。两地民居大规模发展的时期，恰恰也正是徽、晋商人在商业经营上取得全国性成功的时期。这不仅仅是因为商业带来的财富使大规模的民居营建具有了物质上的可能性，更重要的原因还在于商业经营对于区域间人员流动的要求所带来的文化交流的可能。

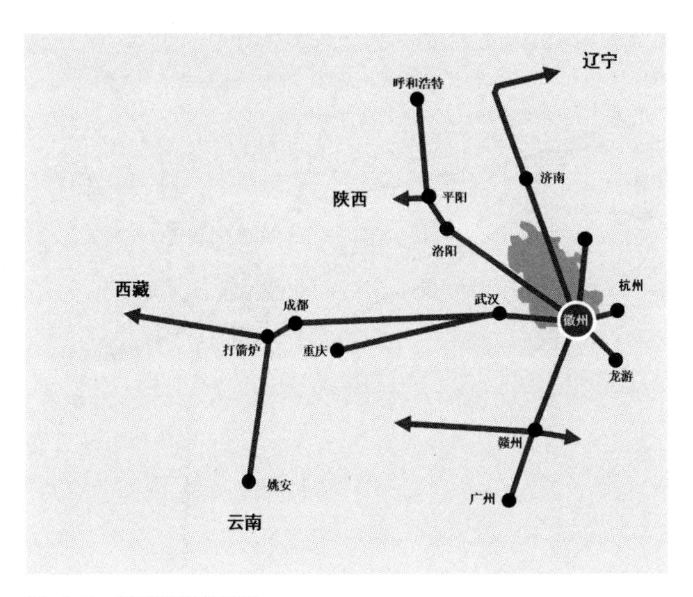

图 2-6　明清徽商商路图

徽商是明清时期与晋商齐名的大商帮，在清朝中期成为中国商帮的翘楚，商路遍天下（图 2-6）。徽商产生并兴盛，与晋商类似，也有几方面的原因。地理方面，徽州地处皖南山区，山地占大部分面积，大面积的山地及其丰富的生态资源，使徽州地区盛产木料与茶叶。历史背景方面，由于中原地区土地平坦、战略地位较高，颇多战乱，而徽州地区地形复杂，且居住聚落散布在山间盆地中，易守难攻，很多中原人口迁入徽州，使本就耕地稀少的徽州更加无法在农耕上自给自足，促使徽州人民寻找新的生存方式。因此，人多地少的自然条件使徽州人多从事手工业，并且走出故土谋生，从而催生了徽商的产生。

新安文化是中国重要的地域文化之一，徽州地区自古就有深厚的文化沉淀，因此徽州的商人也多推崇儒学，徽商也被广泛地誉为“儒商”。根植于儒文化的徽州商人多以儒家的行为准则约束自己的经商活动，诚信为本，货真价实，因此在商业竞争中取得了巨大的优势，最终成为商帮之首。受儒家的礼仪教化和中国传统思想影响，徽商乡土观念浓厚，在外经商取得成功后多“衣锦还乡”，回到徽州兴建宅舍，为现代人留下了在中国民居建筑和装饰艺术上都大放异彩的西递、宏村等。

晋商是明清十大商帮之一。商帮以晋徽两地为首，而明朝作家谢肇淛在《五杂俎》中称“山右或盐、或丝、或转贩、或窖粟，其富甚于新安”，因此在明代晋商可谓商帮之冠。晋商产生并兴盛的原因，主要表现在地理、业态及政策等方面。地理方面，山西位置接近于古中国的地理中心部位，对外界各地可达性较强，为发展对外经济提供了基础；山西地区山地较多，可供人们生活和耕种的地方较少，单纯农耕的生活方式不足以维持山西人民的生计。在业态层面，由于单纯的农耕不能满足人们生活，因此山西地区手工业相对发达，且山西地区盐、煤、铁等矿产资源丰富，为山西人民的谋生方式提供了新的发展方向；而手工业产品及矿产资源的大量生产，也促使山西人民开通对外的商业路线，将产品销往外地。政策层面，明朝的开中之制为山西地区的商业发展尤其是盐业发展提供了一个巨大的机遇和政策支持，推动了晋商的蓬勃发展。

晋商的行商路线不仅几乎覆盖全国各地，在鼎盛时期更是遍布世界很多地区（图 2–7）。晋商的蓬勃发展使这些成功商人的资产极大丰富，由于生在中原受传统思想影响，晋商获得财富后往往回故土建房置地以求光宗耀祖，这种行为习惯使晋商集中分布的晋中地区传统民居建筑被大量修建，促进了晋中地区民居建筑技艺的发展，这种技艺上的提高在室内装饰的布局和纹饰上也均有体现。平遥古城、王家大院、乔家大院等都是晋中传统民居的典型代表，是传统建筑艺术的重要组成部分，具有相当高的历史价值。

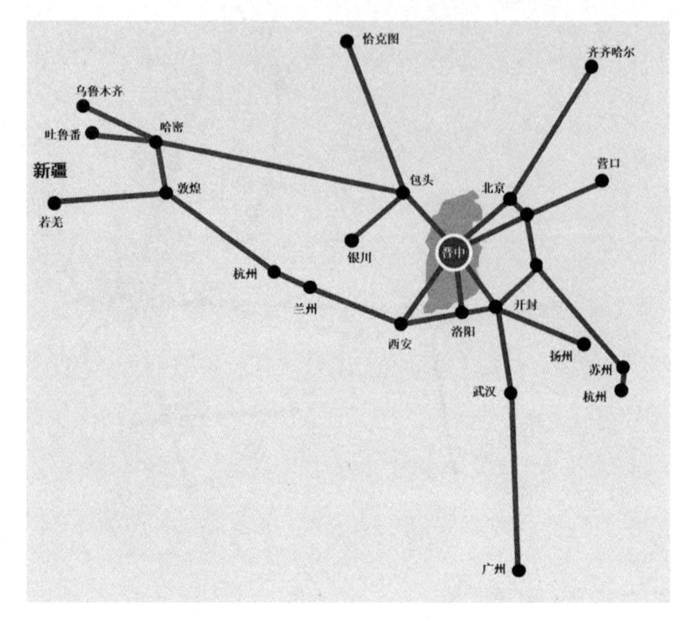

图 2–7　明清晋商商路图

2.2.3　风水环境

风水堪舆理论，是中国传统文化、传统城市规划与营造方面的重要组成部分。其本质上是古人对自然条件进行仔细观察，并在此基础上进行思考与感悟的理论。风水学说的起源可追溯到传说中周文王所作的《易经》，其中提出了朴素的唯物辩证法，如乾与坤、损与益等，是古人有意识地对自然进行的认识和分析。此后，道教始祖老子在《道德经》中也明确说“万物负阴而抱阳”。发展到战国后期，诸子百家中的阴阳家，继承了前人的风水学说，并结合原始物质观的五行学说，提出了成熟的阴阳五行风水理论。

明代万历年间君荣所著的《阳宅十书》中，在聚落选址方面，阐述了理想的居住环境：“凡宅左有流水，谓之青龙，右有长道，谓之白虎，前有汙池，谓之朱雀，后有丘陵，谓之玄武，为最贵也。”风水学说认为，最理想的居住空间环境应该背山面水，北靠祖山，东有流水，西有长道，两侧有二山犄角相辅，门前一马平川视野开阔，远处有朝山，有水系于建筑周边蜿蜒环绕。如图 2–8 所示，整体上构成一个四面山体环绕的空间。这一风水学说中经典的古代选址理论对传统聚落的空间布局具有深远的影响，作为传统民居的杰出代表，徽、晋民居自然也不例外。

徽、晋商人民居的风水环境主要分为内外两部分。外部空间环境层面，宏村的聚落外部空间，简单地从表面上看是静态的，但是其内部却有着运动不息的理法。由于

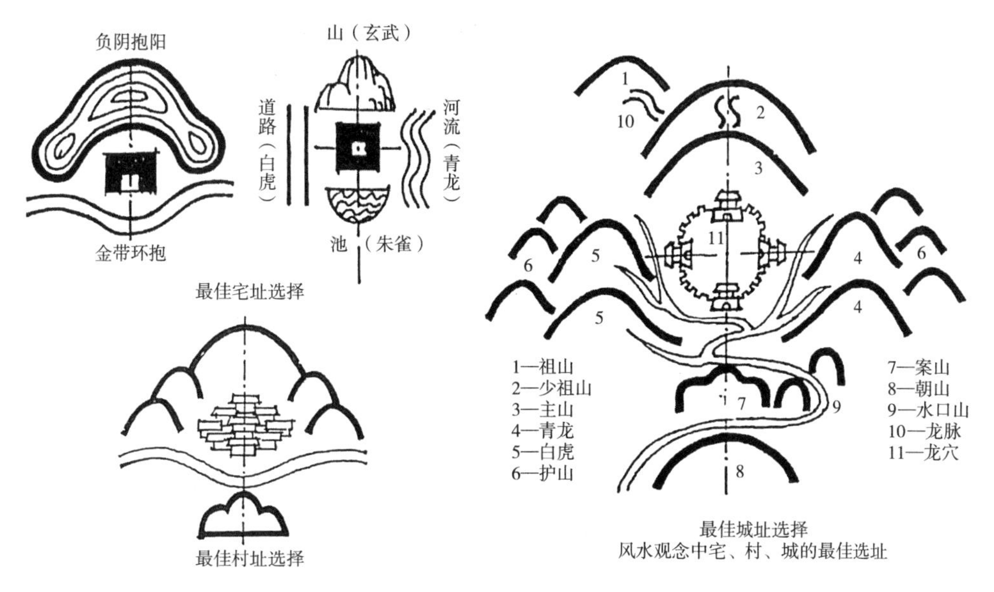

图 2-8　理想聚落选址
（资料来源：王其亨 . 风水理论研究 . 天津：天津大学出版社，2005. ）

古时人们相信自己居住聚落的风水环境会影响自身命运，聚落的外部空间形态是古人重要的心理寄托，因此古人会依照大地蕴涵的原有理法对大自然进行风水上的改造。宏村中建筑的处理即是人们通过风水理论试图改变自身运势。中国的五行学说认为，金为白，水为黑，木为绿，火为红，土为黄，其中五行相生的观点中，由于“少阴之气（金气）温润流泽，金靠水生，销锻金也可变为水”，所谓“金生水”。而徽州民居的乌瓦白墙就是“金生水”的风水处理。在风水派别形势宗中有“山主贵，水主财”之说，“金盛则水旺”，因此徽派建筑黑白搭配利于财。山主静为阴，水主动为阳，山水交会即为阴阳交会。徽州聚落有山有水，处处体现古人趋吉避凶的思想观念。晋中人重风水，自古已然。民间动土建屋之前，必请阴阳先生查勘风水，通常选择依山傍水之地，对于不能满足条件者，则极力进行改造。改造风水的典型例子有山西太谷的曹家大院，其位置并非背山面水的典型理想选址，北方一马平川没有靠山，而其南侧有一凤凰山。于是修建三座亭榭于主楼之上，号称“亭榭转风水”，以阻挡北部来的煞气。这种楼亭重叠的结构在晋中聚落中极少见，曹家这种的形式完全由风水所致。乔家大院也是合理布置建筑元素改进原有风水的案例。乔家大院的院墙为了满足防御功能而高达 10 m，将整个院落牢牢封住，大门布置在院落的东部，东为青龙位，因此叫作“青龙门”，青龙自古寓意祥瑞，且太阳初升于东方，大门面向东方则第一时间迎接光明，因此“青龙门”有“面对青龙，家宅吉利”的吉祥含义。宏村的选址是风水堪舆的经典案例，成功营造出符合传统风水理论的居住建筑外部空间。

传统的风水理论，除了对徽晋民居聚落外部空间环境有深远影响之外，对中国传统民居建筑的内部空间布置也有很大的影响。徽州地区由于气候湿润，一年中雨天较多，因此徽州民居的基本模式为天井式，四周屋顶都做成向院中倾斜的单坡，将雨水汇入院内，取其将财富都收入宅中之意。这种院落内部空间环境的布置方式，就是徽州地区常见的“四水归堂”，也称为“肥水不流外人田”。晋中地区的传统民居，其建筑布置本质上是风水宗派中理气宗“九宫飞星”的风水格局。其方法的要旨是借助风水罗盘，在准备建造房屋的土地上布置民宅的“三要”与“六事”，“三要”为“门、主、灶”，“六事”为“门、灶、床、厅堂、通道、碓磨”。通过风水堪舆划分宅基地的吉凶，在运势吉的位置建造主房，建设避开运势不佳的位置，或者在运势不佳的位置建设附属用房。在上文中提到，形势宗认为“水主财”，因而经商的人在房屋的营造中将此理论运用得非常典型。

2.2.4 风土民情

徽州地区多山地，层峦叠嶂、清溪回流，具有易守难攻的天然地理屏障。中原战乱时皖南偏安一隅，北方大量百姓为躲避战乱逃到徽州，同姓同族之人相互扶持建立聚落，因此养成了同氏聚居的习俗，也形成了徽州家族的强大凝聚力，形成了浓郁的以宗族观念为代表的思想观念、民俗。

衣食住行是人生活的最基本需求，对于徽州人来说，最重要的是其中的“住”。徽州人选择聚落位置的时候讲求“枕山、环水、面屏”的理想居住环境，既符合日常生活的需求，也符合传统风水的吉地观念，和谐地处理与自然中山水的关系，建设理想的生活家园。虽然徽州人注重“住”，但不讲求“衣食”，即吃穿用度方面要求较低，这与徽州地区多山少耕地，农产品产出较少有直接的关系。徽州人在饮食上不追求奢靡铺张，注重健康，食材多为自然山川中的野生动植物。日常生活的应用之物也多质朴，家具、碗碟等质地精致，但一般无过度的修饰，朴实自然。

徽州民众多聚族而居，最崇尚的是宗族，尤其程朱理学的传承与教化，深入当地民众人心。徽州民居的家族建筑群中，一般都设宗族祠堂，为后世族人提供祭祀祖先、传承家族文化、谨记等级礼法的场所。宗祠为家族建筑的重中之重，建设期间在建筑选址、构造和布局层面非常注重，但装饰层面受儒家思想影响，不追求奢华，不过度修饰，仅有匾额和碑刻等基本的装饰，有劝勉后辈勤俭持家、本分做人的教化之意。这种在伦理礼教上对族人的教化和约束，是对徽州传统民居建筑产生较大影响的因素之一。

徽州地区的山脉高耸挺拔、形势险峻，又有植被覆盖，翠绿秀美，刚中带柔；而徽州的水系则纵横蜿蜒，缓处静水流深，急处波涛汹涌，柔中有刚。徽州的人民为避乱的中原百姓与土著居民的混居，多元的文化和徽州的山水环境造就了徽州地区刚柔并济而兼容并包的审美特征，在徽州的建筑、书画、手工业等多方面有所体现。

崇尚节俭是传统习俗，这一点在山西表现得特别突出。山西位于黄土高原，尤其是晋中地区降雨量较少，可耕种土地较少，还经常遭受自然灾害，曾经是一个比较贫苦的省份。因此，当地居民养成了节俭的地域性习惯，而节俭的习惯也导致了当地人善于存储、懂得积蓄。“山西人善积蓄，家有窖藏”，不仅仅是贫困地区，在经济发达的城邑也受这种节俭意识的影响。其次，山西四面均为险要地势，这种特殊的自然地理条件，使得山西与中原地区形成相对孤立的状况。这种相对独立的地理条件影响了山西人的心理特点，当地人形成了较强的故土依赖感和归属感，即使是在外地发展较好的商贾人士，同样“不扉眷，不娶外妇，不入外籍，不置外面之不动产。业成之后，筑宝买田，养亲娶妇，必在家乡”。山西人多崇尚关帝，关帝即三国时期蜀国名将关羽，山西解州人，自古以来是“忠义”的象征。由于其“忠义”的形象满足传统道德标准，且对封建君王的统治有积极意义，因此关羽屡受历代君王尊崇，明清时已与孔子齐名，位列“武圣”。业缘组织出于趋吉避灾和团结一致的需要，往往祭祀自己的职业祖师或神灵。山西人敬拜关公，一是由于同为晋地之人，关羽给予当地人地域自豪感；二是由于“关二爷”“忠义千秋”、“义薄云天”，是中国传统文化所推崇的品格，并且晋商行走天下与人交易，取关羽之“信义”为从商的准则。对关公的崇拜不仅是对他封建社会完人美德的敬仰，更成为闯荡世界的晋商的精神追求。古代社会治安相对混乱，行商在外的山西商人在身体和精神上都要承受风险，需要一个精神图腾和心理寄托，因此晋商皆拜关公，祈求其保佑商业顺利、旅途平安。

山西上连内蒙古下接中原，是中原文化与游牧文化的交汇之地，宗教信仰兼容并包。长期以来儒、释、道得以广泛地传播，并与当地繁杂的世俗信仰交流融合，巫神、土地也得到普遍供奉。山西信仰有世俗化和泛神化的倾向，一般百姓并不是出于宗教信仰原因，而是出于对生活的愿望和需要，往往逢神必拜，有神必求，这样也导致了山西庙宇繁多、类别芜杂的格局。

“晋中社火”是晋中地区流传最广的一项传统风俗活动，由古代向灶王爷祈福的社戏与元宵节闹红火的习俗演变而来。社火历史渊源由来已久，直到明清两朝，晋商崛起，晋中地区经济水平提高，富有的晋商对故土这种传统风俗有了更高的要求，并给予经济资助，社火也因此在各方面有所提高。因此，晋商聚集的晋中地区社火繁荣发展，当地有“榆次的架火，太谷的灯，徐沟的铁棍爱煞人”一说。晋商意图在故土出人头地，提高名望，因此会组织在自家宅院或商号门前进行有偿的社火表演，意似现今商业庆典时邀请演艺人员表演助兴。除了商人组织的社火活动，在每年上元节期间也会有固定的社火庆典。

综上所述，徽商的聚落民居所处的皖南青山绿水环境之中，森林降水丰沛，树木长势良好，而相对住居的场地较小。徽州的先民们首先为了家族民众们的基本生存条件，将生活空间场所内的主要用地作为主要的粮食生产用地，然后才能集约化地精细策划和布局自己家族的居住用地。

由于山区地形起伏，而各个宗族为了基本生存，需要将有限的平地、缓坡地分割出来作为良田使用，故而徽州民居用地规模相对来说就很小，内庭院天井较方整而小巧，大量采用形制和规格较大的木梁来营建也是其特色之一。梅雨季节的潮湿度大，逼迫工匠们用粉墙来保护砖墙以防潮湿发霉，同时在夏天炎热之时反射阳光辐射。

山西民居尤其是晋中聚落民居多处于黄土高原，雨水相对较少，树木不是很粗大，数量也相对较少，利用黄土可以烧制大量青灰砖。所以，我们考察的晋中地区的民居建筑多是黄土坡上就地做的靠山崖窑洞或锢窑（砖砌筑与生土开挖窑洞相结合窑洞）。

如此比较，山西民居相对来说用地空间较大，加上处于更北的纬度。根据北方地区家庭生活需要更长时间的阳光照射，多以面积较大、南北尺度较长的矩形庭院来组织合院空间，而两侧厢房进深较小，也不需要有屋顶的回廊来环绕。在山墙部位大量使用青砖以及砖雕，利用砖块灵活组织来砌筑有装饰漏窗形态和线脚丰富的女儿墙，在灵石王家大院很多民居利用女儿墙来构建平屋顶空间，收割庄稼后可以作为晾晒空间，也显得外部立面形态丰富多彩！

而且由于山西晋中雨水较少，这里的晋商民居的青砖墙多不用类似于皖南的粉墙的保护装饰！

本章小结

本章节系统地分析了徽商、晋商民居建筑形成和发展的主要原因，主要有自然因素和社会因素两大方面，其中自然因素主要包括气候和地理环境条件对民居建筑的影响，社会因素主要包括人文背景、商业背景、风水环境和风土人情等方面。民居建筑的形成和发展是时代和社会的产物，必然受到自然、社会各方面的影响。徽商、晋商民居在这些因素的共同影响下逐渐形成了具有浓厚地域特色的建筑形态。

第3章

徽商、晋商典型传统建筑形态与空间形貌分析

3.1 建筑群体组合形态比较

3.1.1 建筑群体组合特征

徽商、晋商民居在建筑组群形态上，因受地形地貌、气候环境以及宗教信仰等方面的影响表现出很大的差异。古徽州聚落依宗族血缘关系聚族而居，其建筑组群形式丰富多变、曲折深邃。其运用简单方正的院落形态，结合起伏变化的山地层层展开，顺延曲折的溪流灵活布置，巷道幽深，宅门错落，形成或开阔或收紧的层次空间，空间感十分丰富。在营建聚落之初，选址无疑是最重要的，依风水观念，负阴抱阳、背山望水为最理想的形式，在皖南古聚落的整体规划中，风水大师采用仿生形态规划理念，对聚落形态作出形象的比拟，如宏村的“牛形”聚落、西递的“龙船形”聚落以及渔梁的“鱼形”聚落（图 3–1）。这种规划依附于自然并营造出建筑单体“大珠小珠落玉盘”般融入自然的形态，体现了中国传统的自然观。有些象征虽显牵强，却是人们对吉祥、富贵的美好向往，体现了当地朴素的民风思想。总的来说，两地民居总体格调多呈现因地制宜的立体造型，依山就势、随形生变，与自然山体、水系都有很好的融合。

而晋商民居的建筑组群布局多方正规整、秩序明显，通常只是东西、南北两个轴向的规则生长，轴线对称，规整严谨。中国传统汉字的基本特征也为方正、平稳，在晋商民居的组群形态上，其平面形态都有许多汉字的文化象征，如王家大院的“王”字形态院落（图 3–2）、乔家大院的“囍”字形态院落、曹家大院的“寿”字形态院落。

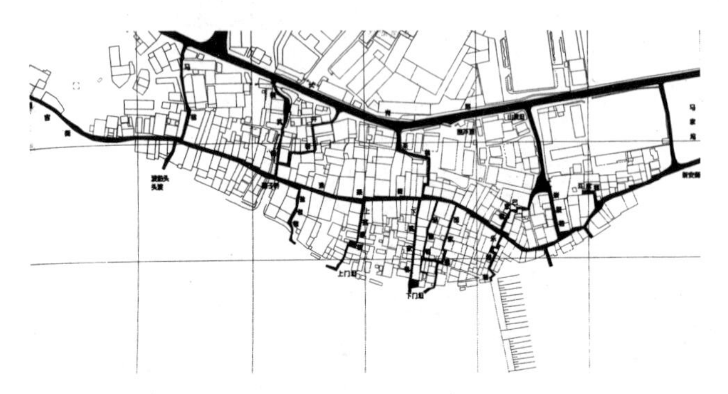

图 3–1　渔梁总平面图
（资料来源：龚恺．渔梁．南京：东南大学出版社，1998．）

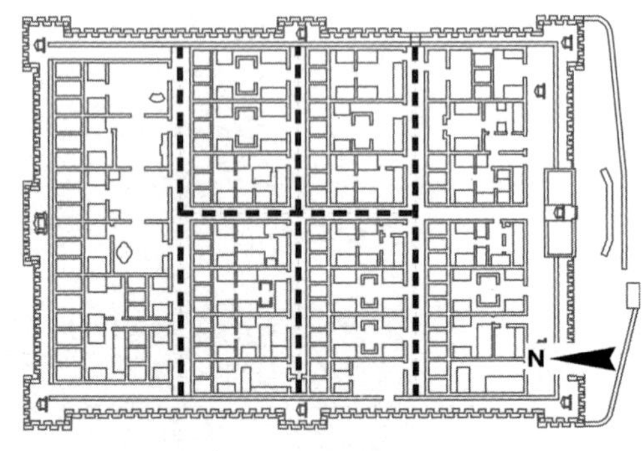

图 3–2　王家大院红门堡平面图

3.1.2 建筑群体组合方式

1. 排列式

排列，是建筑组群最为简单、基础的组合布局方式。徽州聚落中，建筑单体与单体之间很少是中轴对称的，通常为多方向的、灵活多变的，有聚有散、有正有偏，多

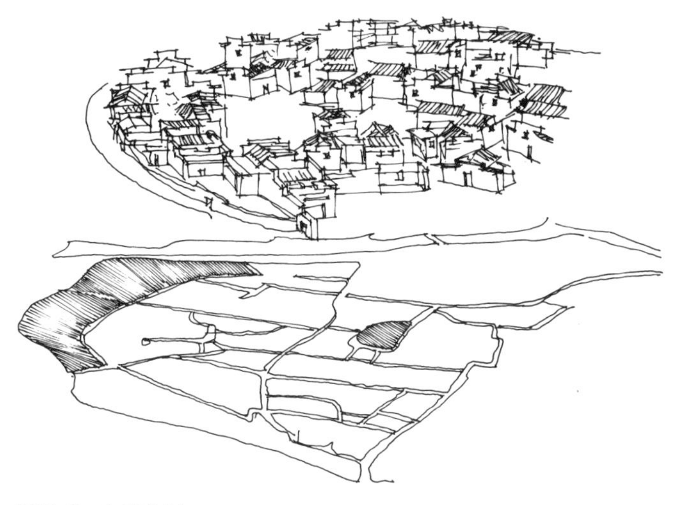

图 3-3　安徽宏村

维方向组合，组群形态多样、灵活、曲折、流动、统一，即所谓乱中有序。建筑单体与单体之间、建筑与路径、建筑与景观通常按几何关系正对，或是聚落的各个组成部分结合地形、溪流而变化，参差错落、神态自若，呈现出无明显轴线的几何关系。加之毛石板、卵石铺成的曲折蜿蜒的小路，给人统一感（图 3–3）。而晋商民居在建筑组群布局方式上，因地制宜，依山就势，层楼叠院，气势宏伟。建筑组合通常都为横向或纵向的对位排列叠加，中轴对称，规整性组合，横向的连接表现为单独院落在横向上排列组合的对应关系，纵向的连接则通过一条甬道划分，对应排列，规整严谨，整齐有序（图 3–4）。

图 3-4　王家大院红门堡微缩模型

2. 聚合式

聚合形态的布局特征，一般是以聚落的公共开敞空间或重要节点为中心展开的，如中心景观、祠堂等场所，民居建筑沿着聚合的中心展开分布，散布在其周边，形成围合式的布局形态。这种民居组群形式多表现在徽商民居中，例如黟县宏村就是这样一种聚合式的空间布局形态。如图 3-5 所示，宏村以月沼半月形池塘为聚合的中心，周围民居建筑散布其周边围湖而建，整体趋势是向心围合的，表现出很强的向心力和内聚力。为了配合月沼形态，池塘周围民居门面彼此相接，连续排列，一些建筑的山墙为了配合半圆形池塘的形态甚至做成了弧形，在视觉形态上给人以完整的视觉体验。聚合的中心往往也是聚落整体空间序列的高潮，增加了空间的层次感和秩序感。

图 3-5　宏村月沼

3.2 建筑的基本形制和布局方式比较

3.2.1 建筑的基本形制比较

南北两地自然地理条件差异决定了两地建筑形制的不同。徽州地区湿热多雨，造就了厅井型民居，天井是徽州古民居的一大特色，天井空间是徽州民居内部采光、通风的主要方式（图 3-6），一栋建筑内四面房间围合，天井设在厅中，三面房间围合天井便设在厅前，与晋商民居的合院式有着明显的差别。晋商民居院落空间宽敞，各个部分彼此独立，通过院墙进行连接组合。徽商民居平面多为方形，平面布局对称（图 3-7），并以三合厅井或四合厅井为基本单元，多通过横向或纵向组合拼接，形成多种形式。徽商民居有三合、四合厅井，H 形、日形等平面形式，多为 2 层，二层基本格局和一层大体相同。

晋商民居形制严谨、规整，建筑中无不渗透着传统的礼教和秩序，整体建筑风格宏伟华美、瑰丽精致，粗犷中透露着细腻，平面布局严谨有序，为四合院形式。但由于山西地区风沙较大，其平面形式区别于北京四合院，多为狭长形合院，其院落长宽比例多为 1 ∶ 2（图 3-8）。四合院纵向联合可形成多进深宅大院，多达四、五进院落。院落也可横向拼接形成多样组合形式。在灵石王家大院的红门堡中，一纵三横四条道路串起了一套套精美的合院，合院中基本为典型的两进四合院形制，秩序井然，章法严谨（图 3-9）。

窑洞民居和砖木结构式民居是晋商民居建筑的两种构筑类型。窑洞式的民居，其构筑方式经济适用，施工方便，在山西民居中较为常见。晋商民居中，王家大院

图 3-6　天井

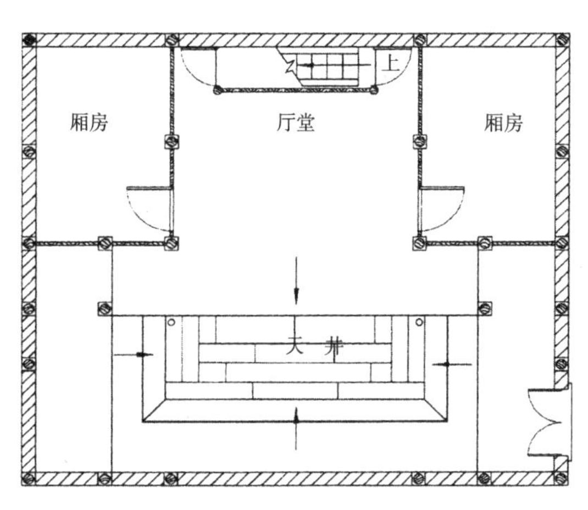

图 3-7　徽州民居典型平面示意
（资料来源：单德启．安徽民居．北京：中国建筑工业出版社，2009.）

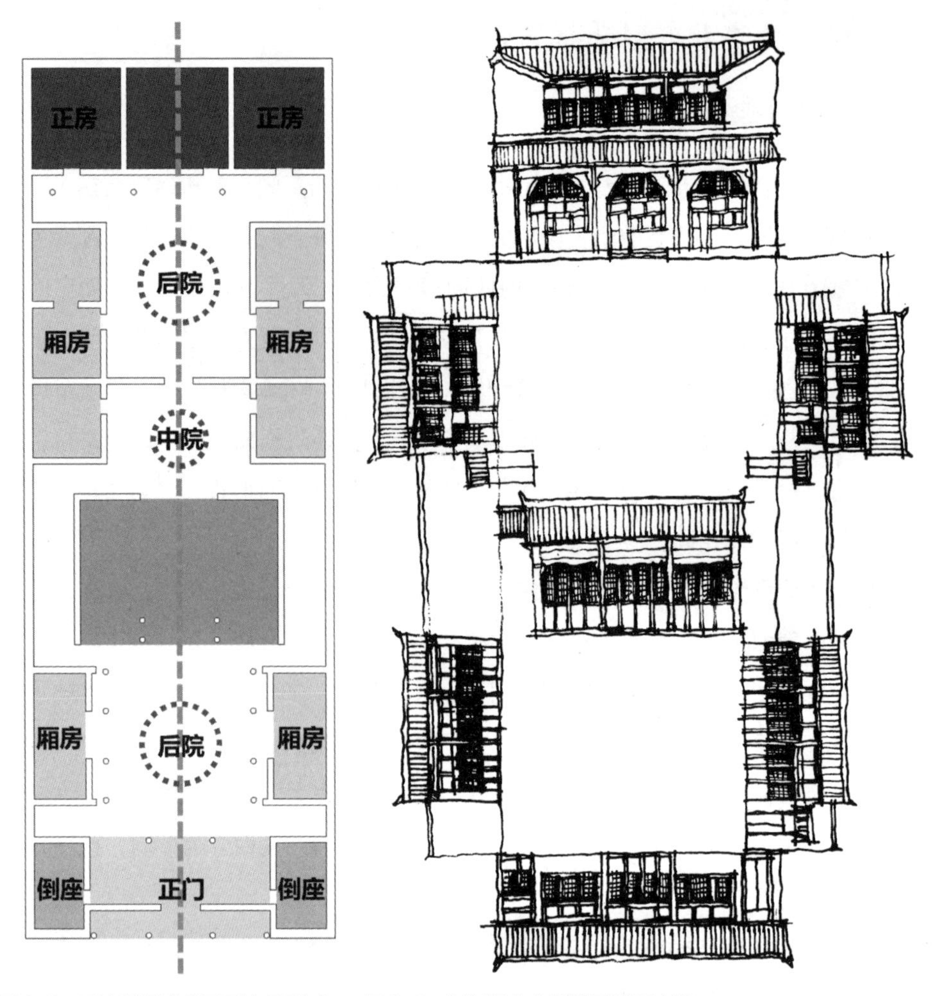

图 3-8　晋商民居典型平面布局形式　　图 3-9　红门堡中典型的两进四合院

中最富特色的就是“下窑上房”的建筑形制（图 3-10），窑洞的曲线形式打破了立面的呆板沉闷，表现出很强的韵律感。一层正房的木檐廊设计提供了“灰空间”，丰富了空间层次，整体立体感强。两侧的厢房便不再设置廊道，突出主次，以达到整体虚实感的均衡。砖木材质的结合，环环相扣的窑洞曲线，给人以丰富的视觉享受。除了“下窑上房”形式的建筑，王家大院中的双层窑洞也别具特色。而砖木结构的民居一般比较规整，造型简洁优美，其通常以四合院为主要形式，宅基多为长方形。这两种建筑形式虽然有着千差万别，但从整体布局来讲，其平面布局基本都是以合院为主要形式的，纵向的院落连接通常组成了多进院落，可分为一进、二进、三进，甚至四进、五进院落，可谓是“庭院深深深几许”。在晋商民居中，二进院落和三进院落为最常见的形式，其中二进、三进为主人起居活动的主要场所，是整个院落的核心（表 3-1）。

图 3-10　王家大院“下窑上房”

徽商、晋商典型院落基本形制比较　　表 3-1

对比要素	徽商民居（承志堂）	晋商民居（王家大院高家崖）
建造年代	1855 年	1795 年
房屋主人	汪定贵	王汝成、王汝聪
平面和空间特征	方正封闭，中轴对称，半开敞厅堂连狭窄天井	狭长形合院，中轴对称，封闭，前、中、后院
平面形制	日字形平面	三进四合院
平面图	厢房 厅堂 厢房 天井 厢房 厅堂 厢房 天井 正门	正房 正房 厢房 厢房 大厅 厢房 厢房 倒座 正门 倒座 / 正房 厢房 厢房 大厅 厢房 厢房 倒座 正门

3.2.2　建筑的布局方式比较

任何时代的建筑，都与那个时代背景下的文化心理、道德观念息息相关，在古代民居建筑中最直接的表现形式就是传统文化对建筑空间布局的影响。徽商民居建筑布局多为封闭的内向紧凑型空间，平面布局简洁明了，以天井为中心，平面方正紧凑，中轴对称，中心为厅堂，左右为厢房对称布置。相比晋商民居的布局方式，徽商民居更多了一份幽雅自然的设计风格，它不拘泥于固定的模式，空间布局相对灵活，更多地关注于人文情趣的追求和朴素稚拙的意趣。黟县宏村承志堂，是宏村现有建筑中规模最大的建筑，占地 2800 m²，建筑面积 3000 余平方米，共 66 间房屋、9 座天井、7 处楼阁、136 根结构用柱、60 道门，附带花园、水池等。承志堂主体建筑为日字形住宅，纵向轴线上依次布置前院、福堂（前厅）和寿堂（后厅），书房、经堂、池塘、厢房、花园、水井、马厩等为辅助空间（图 3-11）。前院是整个建筑空间序列的过渡空间，福堂是整幢建筑的核心，是家庭活动的中心，主人接待客人等一些礼仪活动都在福堂。承志堂的修建还特别注重对生活情趣的营造，庭院内建花园、假山、雨池、漏窗、“美人靠”等，创造出幽雅轻松的生活环境，每一处景观的设计都充满诗情画意，巧妙地营造出灵活多样的空间体验。此外，承志堂内还有用于搓麻将牌的“排山阁”和吸鸦片烟的“吞云轩”，也显示出主人穷奢极欲的享乐色彩。

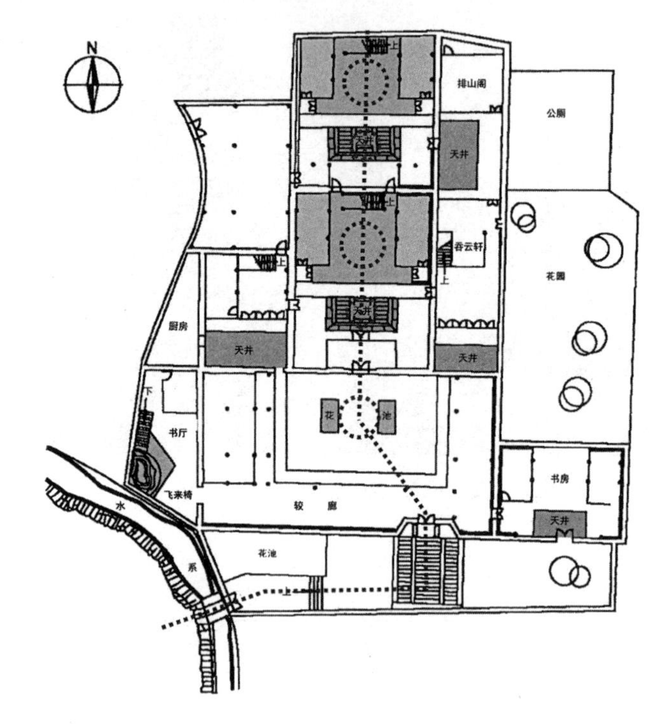

图 3-11　承志堂总平面图

在中国漫长的封建社会中，对社会文化和集体意识影响最深远的就是儒家思想。董仲舒引入儒家思想的三纲理论因为对封建皇权统治的维护作用而长久存在，成为重要的社会伦理观。这种“臣事君，子事父，妻事夫”的伦理观，在朝堂和家族中体现为严格的等级制度，而体现在建筑中就是皇宫和家宅中严格的布局规则。受北方正统思想影响深远，努力接受儒家文化熏陶的传统晋商，其民宅建筑中的儒家伦理影响，体现得尤为明显。晋商民居整体布局方正规整，每座院落都中轴对称，正房、厢房界限清晰，庭院层层递进，表现出严格的尊卑分明的等级制度。由于使用者在家族中所处地位、身份的不同，建筑形式、位置、装饰有明显的区别，这种布局规则使晋商大院成为封建伦理制度的具体承载者和维护者。

王家大院即是晋商大院的典型代表，深受儒家伦理观念的影响，是封建礼制在建筑上的典型体现。不论是形态完整的红门堡，还是边界曲折的高家崖，其内部庭院方

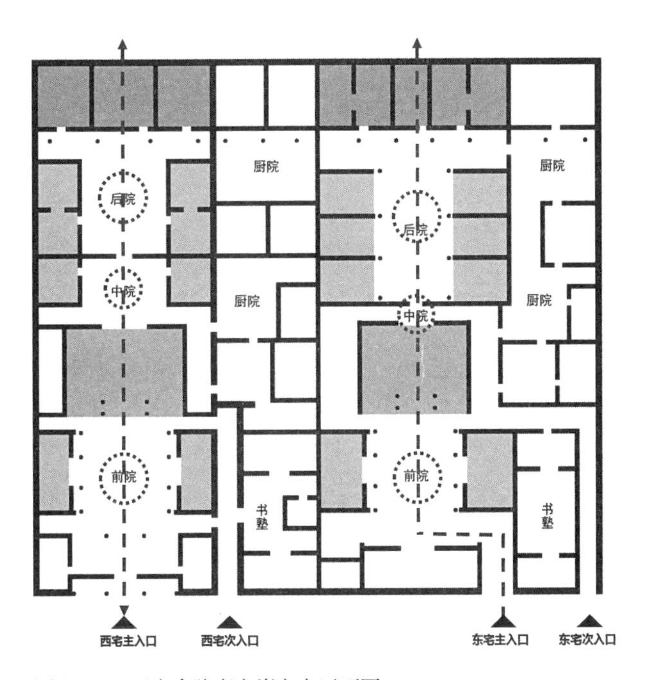

图 3-12　王家大院高家崖主宅平面图

正，道路平直，整体布局严谨。王家大院中的所有院落，多是典型的二进、三进四合院平面，以厅堂为轴线的轴对称结构。各种不同使用者和使用功能的空间界限明显，泾渭分明；但由于各个建筑实用功能和地势的不同，古代匠人通过高超的技艺使其表现出不同的形态，营造出层次丰富的建筑空间。因此，虽然王家大院遵循了传统儒家伦理思想和森严的封建等级制度，整体布局规则相对死板，但仍体现出了瑰丽的中国传统民居建筑艺术。主体建筑大多坐北朝南，长辈居处正屋，前院和内院间以院墙相隔，各院落标高逐渐递增，正房体量高矗，瓦房出檐，突显出尊贵和气势，造就了晋商民居敞亮、宽阔、舒畅的空间感受。图 3-12、图 3-13 所示为王家大院高家崖部分，建于嘉庆年间，总面积近 2 万 m^2，共计有院落 35 座、房屋 300 多间。主宅名为敦厚宅和凝瑞居，都为典型的三进四合院，每家都有自己的厨房，共用一个书院和花园。其中，主要的房屋皆坐北朝南，有良好的采光、通风。一般正房、厢房多为三开间形制，也有正房为五间的。正房为厅堂，相当于现在的起居室，用于公共活动等功能，两侧用于长辈居住，

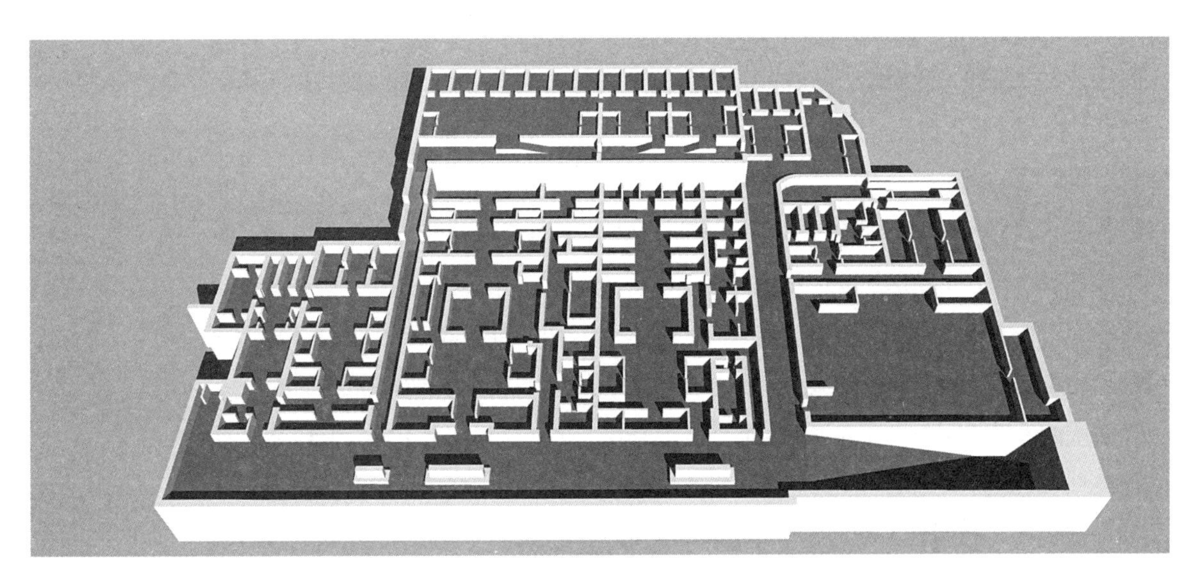
图 3-13　王家大院高家崖模型效果图

厢房则供晚辈居住使用。主体建筑严格按照等级制度建造，贵贱尊卑，上下长幼，内外男女，皆有其讲究。中国历史上分布在晋中地区的一座座晋商大院，不但是历史文化和传统纲理的记载者，更是传统中式建筑的艺术宝藏。

3.3 建筑的视觉形态比较

在视觉形态上，本节从徽商、晋商民居的外墙形态、入口形态、屋顶形态、色彩肌理四个方面进行分别阐述，两地民居均在这四方面表现出了高大封闭与韵律点缀、厚重质朴与内敛儒雅的高度统一。并结合两地的地域文化、风俗，对富有强烈地域特色的晋中和皖南民居进行比较分析。

3.3.1 外墙形态

墙在整个建筑乃至群体中起着界定空间的重要作用。徽商民居在聚落选址时，一般以自然山水环境为依托营造很好的外部空间的围合感，不设外围墙。建筑单体的外墙特点表现为高大与封闭，民居意蕴中极其重要的一点是外实内静，大面积的实墙在民居中十分常见，厚实稳重的外墙阻隔了外界的嘈杂，保持了宅内的安静。徽商民居高低错落的体形组合、丰富多变的山墙、灰瓦白墙的色彩，表达出高雅深邃的静谧情怀。马头墙是徽派民居的重要特色，这种高大的山墙原本主要是在发生火灾时起到防止火势蔓延的实际作用，所以俗称“封火墙”。马头墙错落叠置呈阶梯状，按其叠落的式样也可分为二叠式样、三叠式样和五叠式样，一般房屋采用二叠、三叠式样，若房屋比较高大，则可灵活选用五叠式样，递进、重复、连续的马头墙韵律感十足。和晋商民居一样，古代工匠出于防御性第一的考虑，外墙均高大封闭，但都在外墙上作出了适当的修饰变化，正是因为这些变化才使原本枯燥的外墙显得有韵味，这种虚与实的变化，也体现出动静结合、节奏与韵律的审美特征，显示出中国古代工匠惊人的艺术创造力。

晋商民居独特的城堡式建筑群，形成了堡墙和宅墙两种外墙形式（图 3–14、图 3–15）。高大、宽厚的院落外墙给人很强烈的封闭性感受，其中堡墙呈上窄下宽的梯形，坚固高耸，带有一种雄伟、凛然之气。人们可在堡墙上自由行走，观望风景。堡墙对于晋商民居来讲，是一道独有的风景线，体现出晋商居民强烈的自我保护和对外戒备的特点。

宅院的外墙为了防御性的需求，通常不设开窗，因此显得朴素单调，墙体高大厚实但在细节上又不失细腻，匠人们独具匠心地对女儿墙作出了精致、丰富的处理。女儿墙一般由砖、瓦两种类型的材质砌筑而成，材质相对单一，砌筑形式却极为丰富（图 3–16、表 3–2）：砖的堆砌形式有简单的几何形式——“十”字形、“工”字形，

图 3-14　王家大院堡墙

图 3-15　王家大院宅墙

图 3-16　砖、瓦组合形式的女儿墙

也有表达吉祥寓意的汉字图形，如“吉”字形、“喜”字形或者自由组合的各种图形；瓦片的堆叠通常形成鱼鳞状、铜钱状等形式，也可单片或多片正反组合堆置形成多种图案，一般均运用重复构成手法，韵律感十足，体现出了古代工匠无穷的智慧，也表达出晋中人民最为朴素的乡土情结。

晋商民居与徽商民居的外墙形态比较见表 3-3。

砖、瓦组合形式的女儿墙　　表 3-2

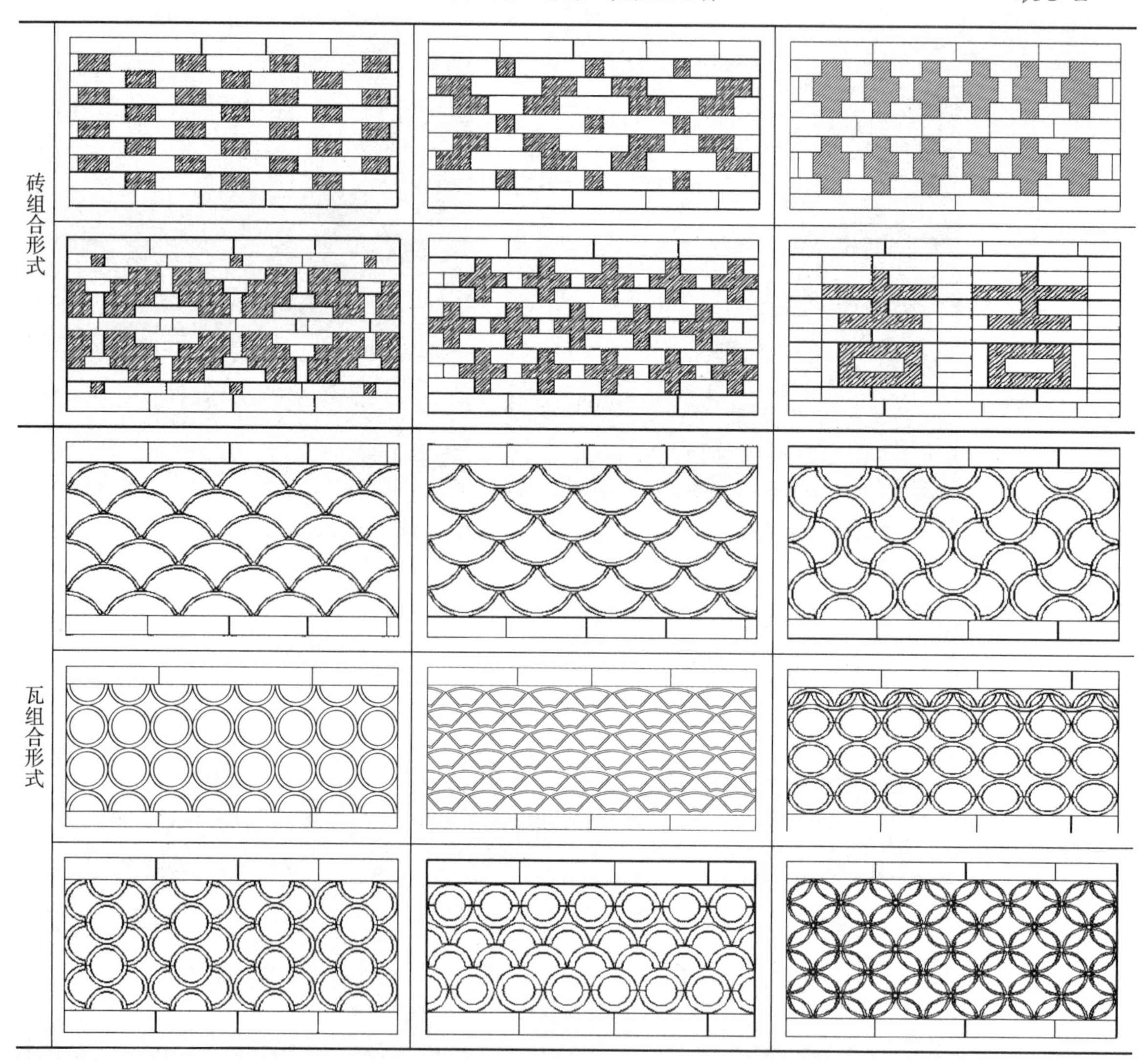

外墙形态比较　　表 3-3

续表

	外墙形态	
晋商民居		
相同	外墙特征表现为高大与封闭。通常不设开窗，体现出强烈的自我保护和对外戒备。墙体高大，但在细节上又不失细腻	
不同	1. 基本形制 徽商民居：以自然山水环境为依托，营造很好的外部空间的围合感，不设外围墙。马头墙是徽派民居的重要特征，按其叠落的式样可分为二叠式样、三叠式样和五叠式样。 晋商民居：晋商民居独特的城堡式建筑群，形成了堡墙和宅墙两种外墙形式。	
	2. 装饰色彩 徽商民居：粉墙黛瓦，单色调的色彩构成，形成一幅中国水墨画的独特艺术境界。 晋商民居：建筑砖墙色彩一般呈浅黄色或青色，屋顶的色彩一般为青灰色，外墙色彩高度协调了黄土高原的整体色调	

3.3.2 入口形态

中国传统聚落中房屋之门相当于人之面，所谓“门脸”之说，是社会地位的表征。在功能上，门起到连接室内外的重要作用。晋商民居独特的城堡式建筑群，也形成了堡门和宅门两种门楼形式。晋商民居门楼雄浑厚重，展现阳刚气度；徽商民居门楼典雅秀丽，抒发浪漫情怀。门是建筑最主要的组成部分之一，是内部空间与外部空间的界定者，也是来访者第一印象的承载者。同样，晋商大院高大的院门具有防御的功能，既是大院内部的保卫者，同时也是彰显大院主人财力、地位和品位的载体。因此，为满足两方面的功能需求，晋商大院的院门大都尺度高大难以攀爬，门板厚实并有铁板铆钉加固，装饰雕刻繁复奢华。如果晋商大院向南开门，则院门多设置在东南，这种做法是为了让阳光尽早地照在家门之上，是一种叫作“抢阳”的民俗。同时，在宅门的修建上晋商民居也追求尺度高大并配合繁缛的雕饰，以此来显示主人的身份地位、家宅实力。影壁是晋商民居的重要构筑物之一，其位

图 3-17　王家大院砖雕影壁

置与宅门相对（图 3-17）。有的也设置在大门内部，起到视线遮挡的作用。影壁从风水学上讲有防止财气外流之说，晋商民居风水影壁装饰多大气瑰丽。从美学意义上来说，宅门的“虚”与影壁的“实”构成一对虚实关系，透过院门看影壁，空间层次十分丰富。

与晋商民居的门楼相比，徽商民居的门要内敛、朴实得多。徽商民居的门往往造型相对简单，凸出墙外的装饰雕刻着各类吉祥的图案。晋商民居的大门作为外人对住宅的第一印象载体，总是做得豪华、高大；而徽商民居的门则较少承载财富显示的功能，只是简单标示出住宅建筑的入口。传统徽商民居的门形制类似，称为商字门。商字门门梁上有元宝托，下有左右雀替，最下立门框，人从中走过，即构成一个古文的“商”字，是徽商文化在建筑中的具体体现。商字门起源不可考，仅有一些简单记述。有种描述是明朝的时候，由于徽州人多有商业头脑，江南地区的商人家庭常请徽州人作为教书先生，在家教授后代读书。这些徽州的教书先生，往往会提出把家门做成“商”字形的建议，以求商事兴隆。而这些建有商字门的商人多能经商顺利、广进财源。很多人见此，纷纷请徽州先生指导宅门设计。徽州本地商人同样认为商字门会带来生意兴旺的好运，因此徽州的商人民居宅门，也都采用商字门的设计形式。清代中叶以后，传统徽州民居大都采用商字门作为宅门，商字门也成为徽州民居建筑文化中重要的组成部分（表 3-4）。

两地商人民居的入口形态比较见表 3-4。

入口形态比较　表3-4

	入口形态	
晋商民居		
徽商民居		
相同	门楼是住宅的脸面，成为体现主人地位的标志。两地民居都表现为门楼装饰考究，以此来显示主人财力、地位和品位	
不同	1. 门楼形制 晋商民居：晋商民居独特的城堡式建筑群，形成了堡门和宅门两种门楼形式。 徽商民居：传统徽商民居的门形制类似，称为商字门，其形态构成一个古文的“商”字，是徽商文化在建筑中的具体体现	
	2. 基本特征 晋商民居：门楼高大、雄浑厚重，具有防御的功能。 徽商民居：低调内敛，造型相对简单，突出墙外的装饰雕刻着各类吉祥的图案	
	3. 装饰材质 晋商民居：砖雕、木雕。 徽商民居：砖雕为主，配有石雕	

3.3.3 屋顶形态

屋顶是建筑的冠戴，是中国传统建筑的第五立面，中国传统建筑屋顶形式丰富多彩，极大地丰富了建筑的视觉空间形象。在晋商民居中，屋顶形态在建筑群的整体形态上非常突出，站在城墙上俯视，错落有致、形式丰富的屋面很有特色。在徽州地区，徽商民居多数为硬山式青瓦屋面形式，色调统一素雅，与马头墙形成“粉墙黛瓦”。徽州民居的屋顶，没有纹样上的图案变化，有的只是朴朴素素、干干净净的青砖瓦片，色调单一，营造出一幅以冷色调为主、古朴幽静的优美环境。俯瞰徽州屋顶，青灰色的屋顶一家接着一家，紧紧相连，与周围的山川植物相互衬托，又形成了丰富的色彩环境，在周围色彩环境的衬托下，大片的屋顶顿时显露、突出。黟县宏村屋面高低有序，有韵致地交错起伏，富有韵律，既是人为之巧，也是天工之助。它的美，在错落叠置中表现得淋漓尽致。

在王家大院中，由于院落因地制宜随山势而起，自南向北逐渐增高，每个独立院落都是南北向的狭长四合院，因此倒座、过厅、主楼、屋脊依次随着地坪和建筑高度的变化而增高，层楼叠院，气势宏伟。虽然每个院落的屋顶都有自己的变化，但整个王家大院数量庞大的屋顶却秩序井然：一是由于所有独立院落都依山就势，遵从北高南低的起伏关系，高低有序；二是不同院落的建筑组合和屋顶种类变化不大，形态较统一。王家大院中屋顶主要有坡屋顶和平屋顶两种。屋面形式以硬山式屋顶为主，而且单坡屋顶在晋商民居中表现得尤为突出。单坡屋顶的结构形式与晋中地区的气候、地理环境也是密切相关的，北方风沙大，高大的山墙可以起到很好的抵挡风沙的作用，同时商人外出经商，留老弱妇孺在家，这样高大的外墙也起到防御作用，这种形态也使院落空间变得更为封闭且内向。同时，单坡屋顶起到很好的明确边界的作用，雨水沿着屋面直接流入院子内部，寓意“肥水不流外人田”，对商人来说引水入室即为引财入室。但由于其少雨的气候特点，平屋顶也很常见，可以作晾晒粮食用。晋商民居无论是砖木结构还是独立式窑洞，都会用到这两种屋顶形式。通常佣人住所为平顶，既作为与主人等级的区分，又便于通行，家丁可以于平顶之上巡视院内，起到保卫警戒的作用。两侧的厢房多为单坡，从正面看两侧厢房屋面弧线向内对称，形式优美。除了平屋顶和硬山顶以外，王家大院中还有攒尖、歇山等屋顶形式，用于亭子、城楼等建筑；而且在屋顶上，多有造型精巧的烟筒和脊兽点缀，烟囱在晋商民居中的普遍使用，与当地煤炭资源丰富有密切关系的，王家大院中烟囱众多，它们像一个个音符似地点缀在高高的天际线上，成为晋商民居最具地域性和民俗特色的一道亮丽风景，增加了外部空间的视觉层次。

两地商人民居屋顶形态比较见表 3–5。

屋顶形态比较 表 3-5

<table>
<tr><th></th><th colspan="2">屋顶形态</th></tr>
<tr><td>徽商民居</td><td></td><td></td></tr>
<tr><td>晋商民居</td><td></td><td></td></tr>
<tr><td>相同</td><td colspan="2">外屋面形式都以硬山式屋顶为主</td></tr>
<tr><td rowspan="2">不同</td><td colspan="2">1. 基本形制
徽商民居：多数为硬山式屋顶，与马头墙形成“粉墙黛瓦”。
晋商民居：王家大院中屋顶主要有坡屋顶和平屋顶两种。屋面形式以硬山式屋顶为主，而且单坡屋顶在晋商民居中表现得尤为突出。在屋顶上，多有造型精巧的烟筒，烟囱在晋商民居中的普遍使用，与当地煤炭资源丰富有密切关系</td></tr>
<tr><td colspan="2">2. 装饰色彩
徽商民居：材质为青瓦片，色调单一，营造出一幅以冷色调为主、古朴幽静的优美环境。
晋商民居：屋顶的色彩一般为青灰色，色彩高度协调了黄土高原的整体色调</td></tr>
</table>

3.3.4 色彩肌理

色彩肌理是视觉形态的一个重要组成部分，色彩具有丰富的表现能力，可以对建筑起到装饰作用，带来丰富的视觉和心理感受。在传统的封建社会，对建筑色彩的使用有严格的限定。明代有史料记载：“庶民庐舍，洪武二十六年制定，不过三间五架，不许用斗栱，饰彩色。”因此，一般的民间建筑色彩多采用材料本色。

“青瓦出檐长，马头白粉墙”，描述的正是徽商民居的典型特征，也道出了其典型的建筑色彩。初入皖南聚落，朴素淡雅的民居立面和诗情画意的粉墙黛瓦，远远望去，灰白一片的院落坐落于青山绿水之间，与环境融为一体，显得分外质朴、优美。单色调的色彩构成，往往让人产生宁静和释然感。时过境迁，灰白的墙体历经岁月的洗礼显得斑斑驳驳，黑、白、灰互相调和，不仅让其有浓厚的沧桑感和历史感，更构成了一幅中国水墨画的特殊效果，形成了徽商民居独特的艺术境界。在外部空间环境中，徽商民居的建筑色彩主要有黑、白、灰三色，而内部空间的装饰色调，要比外部丰富很多，以古朴、天然的木质材料本色为主，并配合精彩的木雕，布局疏密有度，雕饰形成的肌理和阴影效果表现自然的肌理，豪华宅邸的重要部位装饰还要施以金粉，以显示主人的经济实力。宏村承志堂，主人不惜重金将室内木雕施以金粉，显得富丽堂皇（图 3–18）。

在古朴的晋商民居中，没有强烈的色彩对比，没有强烈的视觉冲击力，而是弥漫着对宁静、淡泊生活的追求。色彩的神奇之处就在于它能表现出人们所追求的生活意境。晋商民居的整体色彩高度协调了黄土高原的整体色调，建筑砖墙色彩一般呈浅黄色或青色，屋顶的色彩一般为青灰色，颜色古朴单一、典雅静穆，从远处看，一片灰色调的青砖外墙，虽显单调深沉，但周围的山林、树木以及庭院绿化反衬出春意和生机，与周围环境非常和谐。砖、瓦材料均采自本地的黄土和青石等，也表现出古人对地域的尊重。建筑的门窗为深色的木色，和墙体朴素的颜色形成对比效果。如果主人社会地位高，则会在重点装饰部位，如牌匾、挂落、斗栱等部位，会配以青、蓝等彩色，起到点缀作用，华丽中不失文雅之气（图 3–19）。

图 3-18　承志堂施金粉木雕

图 3-19　王家大院彩绘

3.4 建筑形式美法则探究

东汉文学家许慎所著《说文解字》中对“形式”的解读为：“形，象形也”，即事物自然存在的客观物象；“式，法也”，即人的主观意识对事物客观物象认识的约束。建筑的形式美，就是建筑所客观存在的“形”在人主观“式”的约束下，所感受到的审美认知。当人们视觉接收到某个事物的同时，事物所传达给人的不仅仅是其客观存在的形式，同时也会让人反映出对其形式所对应的个人审美评价。

建筑的形式美则表现为：一个建筑给人们造成不同的审美感受，对人们的心理或情绪产生不同的影响，存在着一定的规律，即对建筑所蕴涵的形式美进行评价所依据的特定准则，也即建筑形式美法则。建筑形式美法则主要包括对称与平衡、比例与尺度、节奏与韵律、渗透与层次等。形式美法则主要研究构成美的元素以及元素之间的关系，归纳出形式美构成元素的组合规律。英国艺术评论家威廉·荷加斯（William Hogarth，1697~1764 年）认为“形式美法则就是适应多样、统一、单纯、复杂和尺寸”，这些元素通过互相正向与负向的影响，构成了形式的美。

英国哲学家、美学家鲍桑葵（Bernard Basanquet，1848~1923 年）认为形式源于具有意蕴的美，“现在，我们所努力要说明的问题是形式上的对称和具体的意蕴，并不是美的两个异质的要素，而只具有抽象和具体之间的那种关系。”这种观点过于狭义，形式美应是一种特殊的审美对象，不是一种简单的自然存在。它是主观思维与客观存在的结合产物，是客观存在的事物在特定时期特定审美标准下表现出来的美的感觉，不是特定的一种内容；形式美是很多形式因素共同影响下的人们对美好事物的一种认知，可以通过形式因素具体地表述出来。因此，通过时间筛选出的形式美，既是人们约定俗成的主观审美认识，又是事物自身存在的客观规律（图 3-20）。

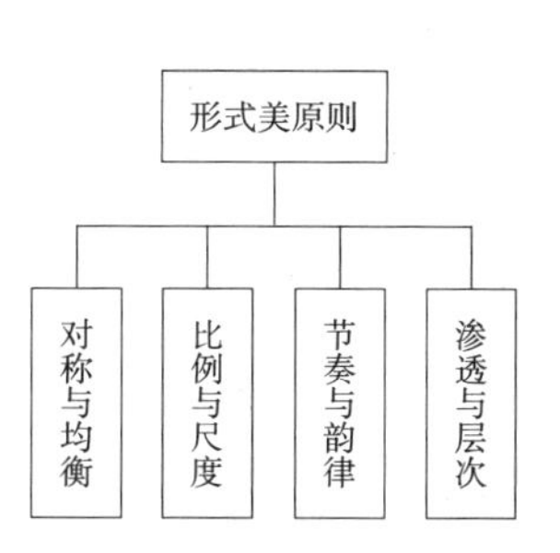

图 3-20　形式美原则研究框架

3.4.1 对称与均衡

对称是客观世界中最为常见的构成形式，指对称轴上下、左右等在布局上等量的关系，常用的对称形式有左右对称、局部对称、轴对称等，对称给人以平衡、秩序、条理和统一的朴素美感。对称有着严谨的平衡关系，表现特点为沿轴线严整对称。在中国传统美学中对称形式运用极为常见。在徽商、晋商传统民居木雕装饰中窗棂图案采用严格的对称形式，将传统纹样巧妙地运用于民居空间中，如图 3-21 所示，就是

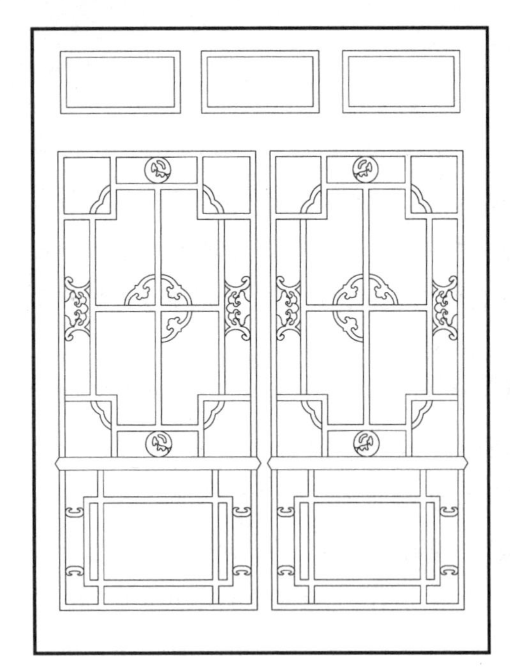

图 3-21　乔家大院窗棂图案

图 3-22　宏村承志堂厅堂的对称布局

在空间中加入严整的对称图案，加之中国传统装饰的抽象几何图案，营造出具有中国意境的空间韵味，增加空间的人情味。

在中外建筑史上，无数优秀的建筑都是通过采用对称的组合形式获得整体的统一。据分析，相对对称的空间环境是最能使人视觉舒畅的空间构成形式。在徽商、晋商民居中有无数遵循对称形式美法则布置的例子，图 3–22 所示为徽商民居典型的厅堂空间，严格遵循对称形式，其空间布局与厅堂摆设严谨有序，空间装饰的字画、对联，以及厅堂的家具陈设都是严格对称放置的。

均衡是对称结构上的变化发展形式，但又比对称复杂得多，是一种打破对称的平衡。均衡相对于对称较为自由，它没有固定的对称中心，而是基于一定的力的重心，将形与量进行重新衡量配置，力求局部变化但整体保持平衡的状态。对称的必然是均衡的，但均衡的不一定是对称的。较之对称，均衡在构图上更显得活泼、自然、生动，富于变化（图 3–23、图 3–24）。在建筑构图上，无论是改变构图的形态、肌理、色彩等都可以形成稳定、平衡的状态，取得整体视觉上量感的平衡。从整体上讲，对称与均衡给人的视觉感受是有差异的，对称严谨、端庄，给人以统一感，但如果运用过分会显得单一、呆板；均衡则富于变化，有起伏感，但也要注意变化的强度，变化太大会使整体失衡。所以，在设计中对对称、均衡两种形式的运用需灵活地搭配进行。

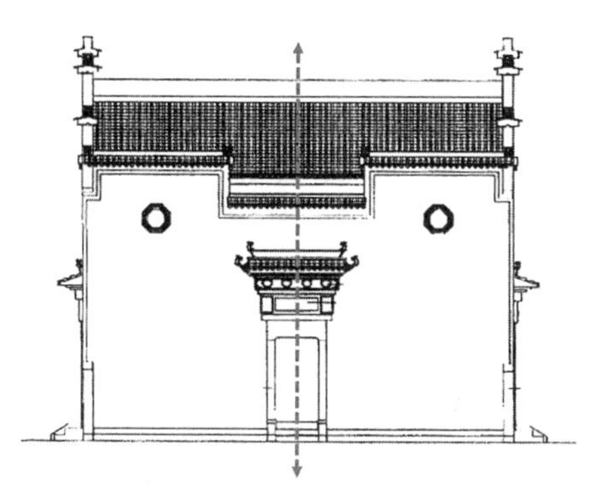

图 3-23　典型徽州民居正立面
（资料来源：根据单德启所著《安徽民居》插图改绘）

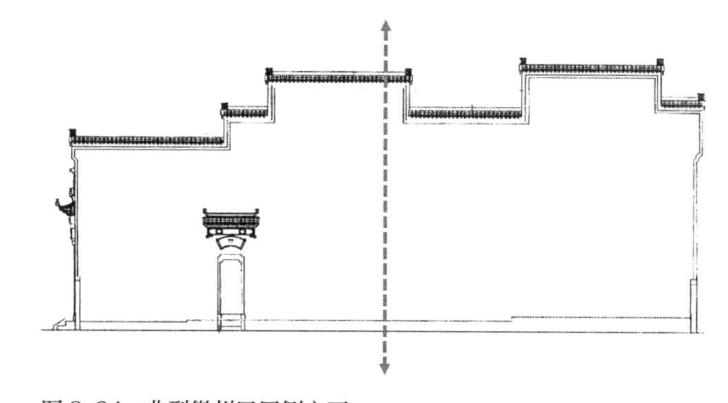

图 3-24　典型徽州民居侧立面
（资料来源：根据单德启所著《安徽民居》插图改绘）

3.4.2　比例与尺度

比例，在威奥利特・勒・杜克的《法国建筑通用词典》中解释为“整体与局部间存在着的关系——是合乎逻辑的、必要的关系，同时比例还具有满足理智和眼睛要求的特性”。简单来说，比例就是事物的一个组成部分与整体的数据关系，在建筑比例中，多指几何关系。19 世纪末的伽代在《建筑学的要素与原理》一书中提出，发现比例是建筑师最先要完成的任务之一。和谐的比例是建筑形式美的重要体现。

尺度，意为“尺寸，尺码”，建筑设计中指建筑或建筑的局部与人或人熟悉事物的大小相对关系，以及人对此相对关系的感受。在人居建筑空间中，尺度主要表现为三种形式：身体尺度、感官尺度及运动尺度。尺度主要由空间中的不同构件围合、组合形成，不同的尺度给予人不同的视觉和心理感受，因此民居建筑外部空间及室内设计的尺度，对建筑形式美的形成意义重大。

通常，在建筑形式美的层面，尺度与比例是相辅相成的整体，尺度形成比例，比例影响尺度。在人居建筑空间中，人是比例和尺度最重要的影响因素。生活于建筑之中，人的动作、活动、社会行为、生活需求，都与建筑的比例和尺度息息相关。因此，探讨民居建筑空间的比例与尺度，人与建筑的尺度比例、人与建筑细节的尺度比例、人自身的尺度比例都是重要的影响因素。现代建筑大师勒・柯布西耶在《模度——合乎人体比例的、通用与建筑和机械的和谐尺度》一书中，从人的尺度出发，提出了一种比例系统——模度系统，又叫作模度尺或模数系统。如图 3–25 所示，将人抽象成为建筑的一种尺度模度，并将人不同行为的身体状态与建筑比例尺度结合，形成一种建筑设计的工具，控制建筑外部与外部的尺度与比例关系。

建筑尺度，不仅是一种客观存在，还是建筑空间的体验者与建筑发生接触时所感受到的自己与建筑之间的比例关系，是客观存在与主观感受的结合。因此，正确的建

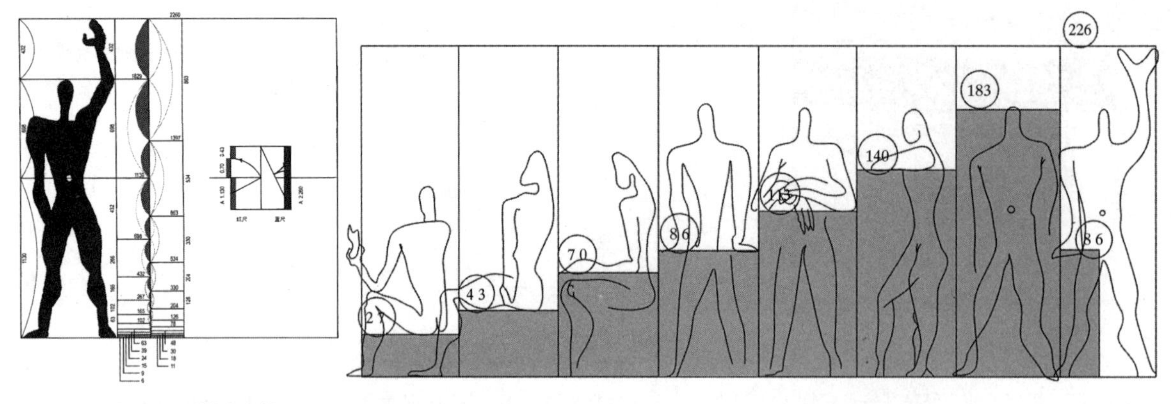

图 3-25 柯布西耶模度系统
（资料来源：曾坚．建筑美学．北京：中国建筑工业出版社，2010.）

筑尺度与比例，应是符合人的生理和心理感受的，是建筑与人和谐关系的体现。建筑空间形式美法则中的比例与尺度，是分析建筑空间和进行建筑设计时首先注重的问题。

中国传统民居建筑不像外国古建筑一样严格遵守比例与尺度的几何关系，没有对黄金分割率等比例关系的严密运用，但也存在类似的重视比例与尺度的设计思路。如安徽歙县的许国牌坊，利用西方古建的几何分析方法对其进行分析，可发现其与凯旋门类似的和谐比例与尺度（图 3-26、图 3-27）。牌坊的净高度与净宽度完全相同，建筑外轮廓为一个正方形，中间门洞高宽比为 1 ∶ 1 的正方形，两侧门洞高宽比为 2 ∶ 1 的长方形，整个尺度关系和谐统一，比例优美。

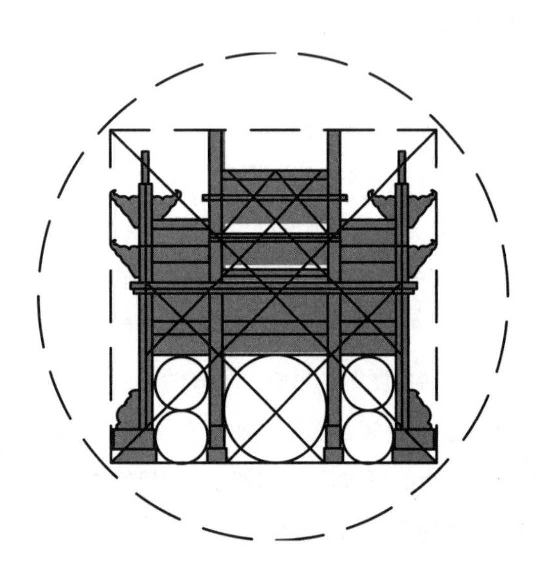

图 3-26 安徽歙县的许国牌坊几何分析

图 3-27 巴黎凯旋门的几何分析
（资料来源：曾坚，蔡良娃．建筑美学．北京：中国建筑工业出版社，2010.）

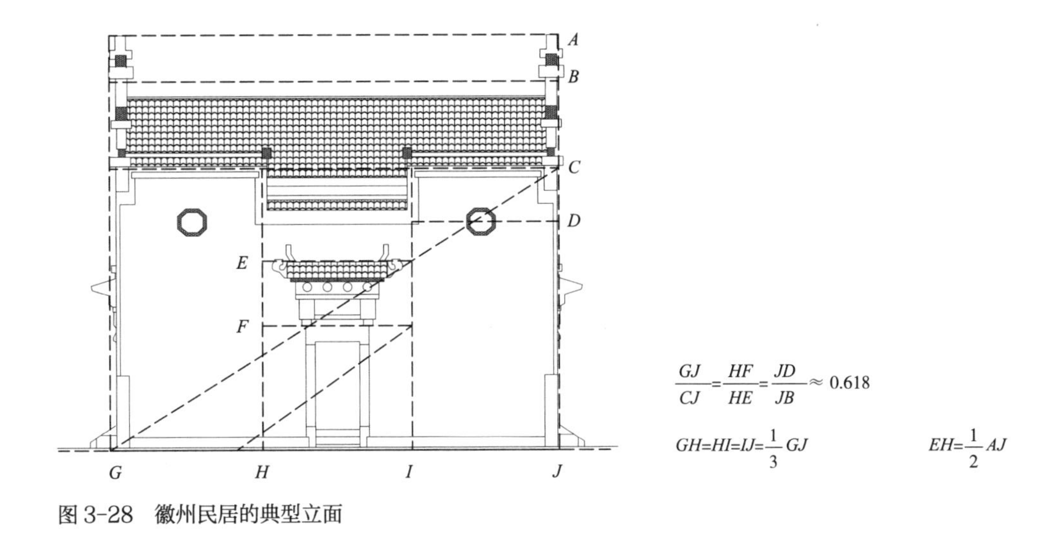

图 3-28 徽州民居的典型立面

徽州民居的典型立面也有着和谐的比例与尺度，如图 3-28 所示，符合严整的比例尺度关系。檐口高度与建筑面宽的比值、门框高度与门楼正脊高度的比值、正门上方檐口高度与房屋正脊高度的比值，皆为黄金比。横向三段式的檐口长度完全一致，门楼的高度为整体建筑的二分之一，且立面上八角形高窗位于正立面白墙的对角线上。各部分的尺度与整体有着完美的比例，体现了中国传统匠人对营造建筑形式美的设计思路，与建筑形式美法则不谋而合。

3.4.3 节奏与韵律

节奏、韵律是指事物有秩序地连续重复或渐变所产生的美感。秩序性、重复性、连续性是韵律美的主要特征。建筑的节奏感可分为连续节奏感、渐变节奏感、起伏节奏感、交错节奏感等，民居建筑中建筑单体或细部结构、内部空间或外部空间、单体或群体，例如高低起伏的围墙、曲直转折的小路、起承转合的空间序列，都是节奏、韵律的形式表达。建筑的节奏、韵律让人产生丰富的情感，是建筑美的构成中一种很突出的良好手法，其可以加强建筑的统一性。

民居无疑是无声的音乐，民居建筑中体块的节奏变化，饰面的强弱对比，都隐含着音乐感。既有平缓的优美韵律，又有高起低落的跌宕起伏，如空间的组合、庭院的排列、门窗的配置等无不体现着音乐般的起伏、韵律。梁思成谈到建筑的节奏时曾说：“差不多所有的建筑物，无论在水平方向上或者垂直方向上，都有它的节奏和韵律。我们若是把它分析分析，就可以看到建筑的节奏、韵律有时候和音乐很相像。例如有一座建筑，由左到右或者由右到左，是一柱，一窗；一柱，一窗地排列过去，就像柱，窗；柱，窗；柱，窗；柱，窗；柱，窗……的 2/4 拍子。若是一柱二窗的排列

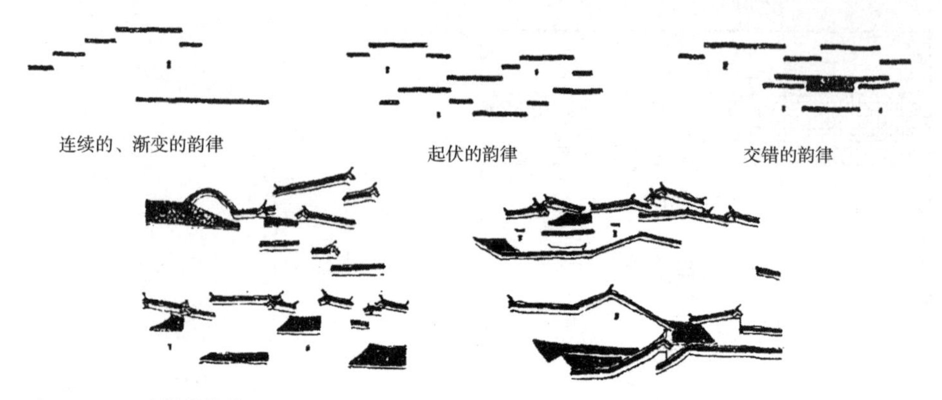

图 3-29　马头墙的韵律
（资料来源：单德启．村溪，天井，马头墙 // 从传统民居到地区建筑．北京：中国建材工业出版社，2004.）

法，就有点像柱，窗，窗；柱，窗，窗……”的 4/4 拍子了。

徽商民居的外部空间，其建筑群的空间效果富有节奏。粉墙黛瓦，色彩明快，对比强烈，马头墙和飞檐鳞次栉比，富有韵律，这些徽州民居所独有的语汇，给人以层次丰富、具有冲击性的视觉感受和轻快跳跃、具有连续性的建筑韵律感（图 3-29）。聚落依山傍水，与其构成的节奏与韵律之美令人心旷神怡。

3.4.4　渗透与层次

1. 流动空间

民居建筑中保持着多种镂空的建筑形态，将另一空间的景物引入其中并充实空间环境，从而改变整体空间的视觉效果与艺术氛围，达到内外通透的空间意境，各部分空间彼此渗透、连接、贯穿，增加空间的丰富性和层次感，称为“流动空间”。

在民居建筑中，室内外空间彼此渗透，相互沟通。中国古典园林中的“借景”就是一种表达渗透形式的常见手法，在徽商、晋商民居空间中运用得也十分丰富，通常利用建筑的门窗、廊道、栏杆、花墙等作为中介来实现空间的渗透。其中，在徽商民居中，空间的相互渗透通常通过镂空的门窗槅扇产生视觉上的分隔，如图 3-30 所示，采用木雕镂空的装饰手法，利用窗棂、空花为景框，将室外景观经过纹样的分割和修饰引入室内，实现室内外空间的流通、渗透，达到内外通透的艺术效果，使

图 3-30　宏村承志堂槅扇

室内空间更加生动、活泼，打破了沉闷的室内空间，流入新鲜气息，并赋予生命。各种不同的窗棂纹样，还使自然光线按照人为的形状照进室内，不仅满足了采光的需要，还将光线进行艺术处理，创造出优美的光影空间。此外，作为室内外空间的分隔，精致、优美的窗棂纹样在室内外都可以看到，是室外景观和室内装饰的重要组成部分，增加了景观的层次感。在晋商大院中的庭院通常较大，为了避免空间过于单一、缺少层次，也会在室外景观设计中引入虚隔断的设计方法，用腰墙分割室外院落空间，并在腰墙上作雕刻或镂空的处理，避免一览无遗，使单调的室外空间更加活泼、生动（图 3-31）。乔家大院位于轴线之上的门也很有特色，随着空间一层层渐进，从最外侧的门向内看，层层相套，具有很强的引导性和景深感，形成庭院深深的效果。人们行进在各门之间，步移景异，于是便抱着无限遐想不断去探究门后隐藏的天和地。

2. 空间序列

空间序列是指按起、承、转、合来组织空间的先后顺序。空间序列的组织是综合运用对比、引导、过渡、衔接、呼应等一系列处理手法，把单个的、独立的空间组织成一个有秩序、有变化、统一、完整的空间集群。

图 3-31　王家大院花墙

徽商民居外部空间的视觉关系是由房屋建筑与观察者视线交错形成的，通常在这样的关系中，房屋就成为“实”的部分，而自然环境中的山水则形成了“虚”的部分。由于房屋的空间环境与周边的自然环境彼此融合、彼此影响，这时建筑与环境所形成的不仅仅是简单的视觉关系，而是一种具有多层次有机结构的空间结构形式。在徽州民居建筑中对于建筑空间环境的营造十分地注重自然景观这一重要元素，将其作为视觉背景，凸显其他诸如建筑、街巷等视觉要素，构成层次分明的空间环境。如果对于视觉关系中的前景——街巷、中景——建筑、背景——自然景观拿捏准确的话，必将衍生出更多的

图 3-32　黟县宏村空间序列

具有层次的空间，而这也是徽州民居建筑中各种空间环境形成的溯源，这样的空间环境再以一个有序的关系出现在人们的视线中，必将是一种对于空间感受的视觉，同时也会启发人们对于传统空间构成的思考，这也正是徽州民居建筑在空间构成上留给世人的精髓。徽州古聚落的整体布局和结构体现着空间序列的起、承、转、合关系，人们连续行走的过程中，从一个静态空间到另一个静态空间，逐次看到它的各个部分并将其连贯起来，最后形成整体的印象。例如黟县宏村，其中村口水塘是该序列的开端，经石桥步入建筑群落的主体部分，空间极度收缩，是序列的承接发展部分，沿着曲曲折折的石板小巷行走，人们对整个聚落形成了粗略的印象，至月沼前广场，空间豁然开朗，达到高潮，汪氏宗祠位于此，这也是整个村落的公共活动中心，最具有特色的一个空间，整个村落最后收于远处的山脉，是序列的结尾（图 3–32）。

本章小结

本章为徽商、晋商典型民居、公共建筑空间形貌及环境部分。通过比较研究两地民居的建筑组群形态、建筑的基本形制和布局方式以及建筑的视觉形态，从宏观到微观较为系统地分析出两地民居及公共建筑空间形貌的共性和个性。建筑群体组合形态的比较主要分析了徽商、晋商民居群体组合的特征和方式，两地均表现为因地制宜、依山就势，与自然山体、水系都有很好的融合；建筑的基本形制和布局规律分析比较了两地建筑的平面形式和布局规律等；建筑的视觉形态主要从外墙形态、入口形态、屋顶形态、色彩肌理四个方面进行了比较分析，探索出两地因自然、社会等因素的影响，两地民居及公共建筑在空间形貌与环境中所呈现出的异同。并通过形式美法则理论进行分析，将看似随意的建筑空间环境与整体的空间序列通过科学的理论加以剖析，发掘徽、晋民居及其公共建筑空间形貌与环境的艺术特征。

第4章 徽商、晋商典型传统建筑与环境装饰艺术分析

在中国传统民居中，装饰艺术是人们情感表达的直接载体，是艺术表达的手段之一。装饰艺术一方面具有一定的功能属性和装饰美化环境的作用，另一方面也具有象征、寓意和祈愿的风俗意味，激发观者最直观的想象，寓意于物象本身。装饰艺术的精细程度和工匠技艺的高低在很大程度上反映着主人的财富、品位、修养等，雕刻的层次越多，用工越考究，建筑物的价值越高，主人的社会地位也越高，表达出更深的社会意味——家族的兴旺，从而达到光耀门楣的最终目的。建筑装饰艺术，在很大程度上依赖于工艺手段的完善程度，明清时期，商品经济的高度发展促进了手工艺达到徽商、晋商在物质财富极大丰富的状态下，根据不同原料的特质进行技术与艺术的加工，并组合选用砖雕、木雕、石雕、彩绘、书法等多种艺术形式，形成不同的风格，匠心独具地运用于建筑室内外，达到建筑风格和美感的和谐统一。同时，受地域特征、气候条件和社会风俗等因素的影响，不同地域又形成不同的风格、特点。徽商、晋商典型民居中装饰艺术可谓千姿百态，做工纤巧、细腻生动，既体现了华夏民族在特定历史时期的心理结构和文化观念，也表达了不同地域、商人的品位修养和人格追求。其装饰图案必定与民族的装饰传统和地域的造物观念有着直接的关系。这些装饰题材不外乎几何纹样、花草鸟兽、吉庆器物、生活图景以及神话故事等内容，这些装饰题材源自远古，当然也会受到当时具体历史情境的影响，而呈现出个性化的特征，但总体上无法与传统的群体装饰意识相割裂。

徽商、晋商民居建筑的装饰艺术技艺精湛，表现手法丰富。本章主要从装饰艺术中最具代表性的三雕艺术进行研究分析，其艺术价值亦可与同时期的皇家雕刻相媲美，究其原因，徽商、晋商的重金投入，追求奢华必然是最为重要的原因之一。雕刻的题材非常宽泛，而且一般都是就地取材，呈现出鲜明的地域特色和淳朴的乡土气息。雕饰艺术的雕刻技艺都是在材料上直接精雕细琢，在工艺技法上，圆雕一般只有很小一部分与建筑主体相连，完全立体，造型完整，可以从各个角度观看，如柱头上雕刻的“辈辈封侯”。半圆雕的内容有如冲出平面一半，冲出部分由圆雕处理，剩余部分附着背景之上，如一些牌坊坊脚的雕刻。浮雕是向外凸起的图案平面，主要从正面观赏。浮雕分为深浅两种，深浮雕也叫高浮雕，雕刻突出平面较高，立体感较强，有类似于圆雕的效果，如石雕的匾额。浅浮雕也叫薄意，顾名思义，雕刻高度较薄，如一些影壁的砖雕。浮雕经常深浅混用，使雕刻层次丰富，具有表现力。随着古代劳动人民对艺术的不断追求，后期的雕刻方式非常灵活，各种雕刻手法相结合，不拘泥于一种技巧，使雕刻非常丰满，清晰表达主次和前后的关系，适用于复杂的场景描述（表 4–1）。

雕刻工艺技法分类 表4-1

工艺	含义	举例	
		徽商民居	晋商民居
线雕	线雕是最为基本的一种木雕技法，是用刻刀直接在材料上刻画出图案，图案近于平面层次的雕刻		
浅浮雕	浅浮雕是图案从平面上凸起，又区别于圆雕，它的欣赏面只是正面，比线雕的轮廓立体，图案要略微突出		
深浮雕	层次多，局部会类似于圆雕，凸度高的雕刻，比浅浮雕轮廓感强，形态逼真		
圆雕	一种完全立体的雕刻，前后左右四面都要雕刻出形象来，完成的作品只有一面着地，是具有某种三维空间艺术感的雕塑艺术		
透雕	将图案雕刻成型，并将需要透空的地方拉空，多视角、多维度地雕刻加工，形成虚空间		

徽商、晋商民居的三雕艺术装饰，题材形式区别于皇家的龙凤之类，题材内容非常广泛，徽商民居山清水秀的山水环境，以及晋商民居醇厚民风的文化氛围，都是孕育优秀作品的直接原因。其中，明清时期徽商民居装饰以繁琐纤巧为主要特点、晋商民居装饰艺术精致淳朴，其艺术价值闻名中外。

4.1 木雕艺术

4.1.1 木雕装饰的基本特征

明清时期木雕艺术发展到了顶峰时期，木雕精品不胜枚举，技压群芳，出神入化。民居装饰艺术中规模最大、数量最多、成就最高的就是木雕，木材质感相对柔和，而且带有自然的生机，加之木材质软、可塑性很强，可以刻画出繁复的图案和玲珑剔透的层次，因此题材也最为广泛。由于地理环境、工艺水平的差异，这些民居木雕装饰图案的造型呈现出不同的风格，体现出不同文化背景、不同地域环境下装饰艺术的多样性。按木雕装饰部位可以将木雕分为两类：一是建筑的承重体系的木构件上，如梁柱、额枋、斗栱、雀替等；二为在建筑中起到围护作用的，如门窗槅扇、栏杆等。木雕的表现形式很多，有浮雕、透雕、圆雕等，各种表现形式相互结合应用，还有一些镂空浮雕与圆雕相结合，大大加深了空间感和层次感（图 4–1）。

4.1.2 徽商、晋商典型民居木雕艺术特色比较

在以木构为主要承重结构和装饰材料的传统民居中，木雕是重要的装饰表现形式，在晋商传统民居中有更显著的体现。其主要表现为：涵盖建筑的各个部位；运用

图 4-1　王家大院木雕

图 4-2　宏村承志堂木雕挂落

各种雕刻方式；采取多样的地域特色；使用多种装饰图案。

徽商民居中所体现出的木雕艺术是徽州民间艺术的重要组成部分，这种艺术形式在明代开始被广泛使用，并在清朝进入鼎盛时期。木雕艺术的繁盛在徽商民居中充分得以体现，以木构为主要结构和装饰材料的徽商民居建筑中，木雕装饰有着最大量的运用。徽商木雕在造型风格上表现出古拙朴美、造型饱满、神态生动夸张等特征。木雕多集中于梁枋、斗栱、雀替、门窗槅扇、栏板以及家具装饰上，雕刻范围大，可以说只要有木构件就有木雕，装饰题材也十分丰富，正是因为木雕艺术的广泛需求，才促使民间工匠不断提高木雕的技艺和熟练度。因此，明清木雕匠人的技艺水平可以在所有木构件上，依照构件的不同形态，运用不同的雕刻技法，进行创造性的雕刻。徽州民居木雕装饰中透雕技法应用较多，多与深浮雕、浅浮雕一起出现。浅、深、透三种技法结合使用，不但体现出精湛的雕刻工艺，而且表达层次丰富、分明，处理出前后虚实各种效果，艺术性很强，可以构造出许多精彩的造型。由图 4–2 可以看出民间工匠高超的雕工，花卉形态富有张力，线条细腻流畅，将硬质的木材雕刻出柔韧的缠枝造型，脉络清晰，立体感强，并且在充分写实的基础上，进行艺术上的抽象加工，使纹样有很强的装饰性并富有强烈的自然气息。徽派木雕就如同儒学教育的课堂，每一个木雕都在述说一个故事，让人在耳濡目染中得到理学教育的思想精髓。一件件木雕精品，有意无意地成为中国古代文明传承的载体（表 4–2）。

徽商典型民居（黟县承志堂）木雕艺术列表　　表 4–2

装饰类型	装饰部位	实例照片		装饰内容
木雕艺术	门窗槅扇			八仙与宝瓶

续表

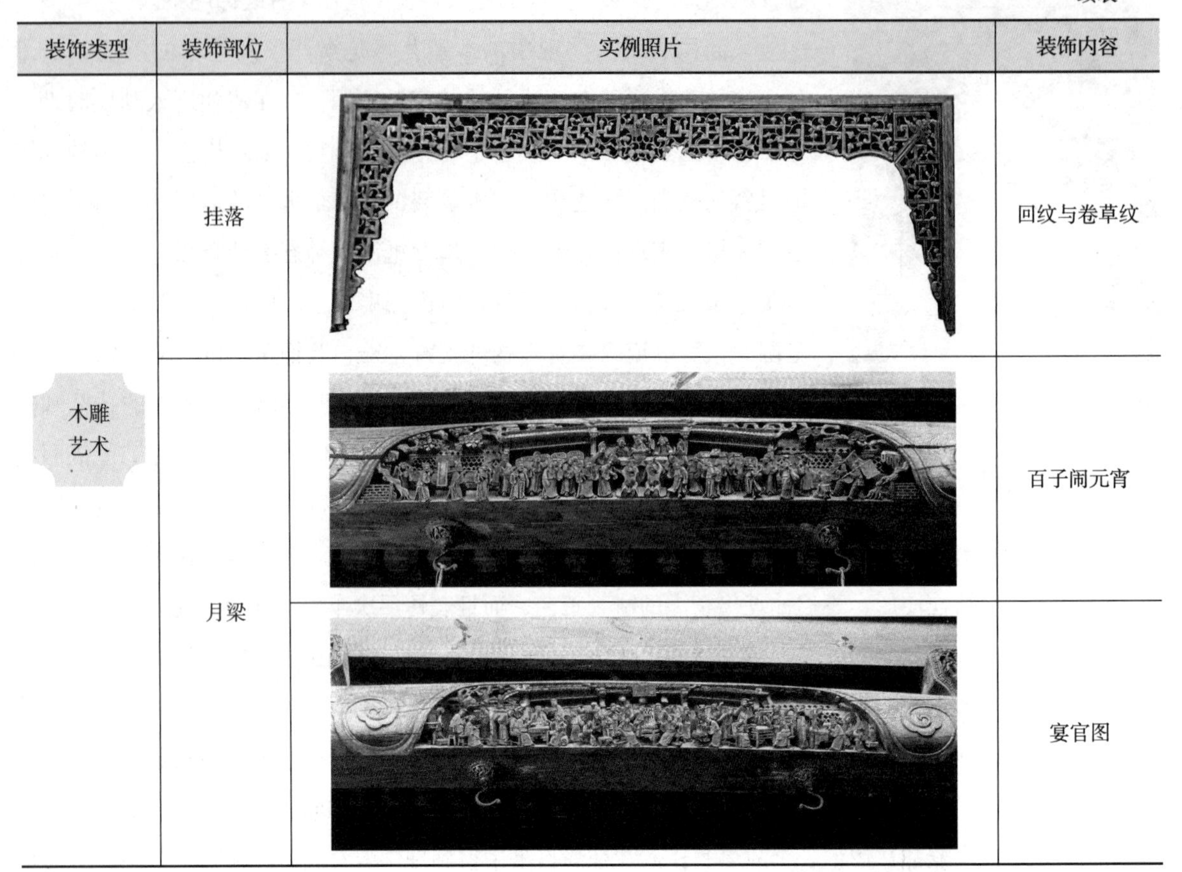

装饰类型	装饰部位	实例照片	装饰内容
木雕艺术	挂落		回纹与卷草纹
	月梁		百子闹元宵
			宴官图

首先，由于经济条件允许，在晋商民居中，基本所有的木构件上都有木雕装饰艺术的体现。如承重构件中的斗栱、雀替、梁托等，门窗中的绦环板、隔心、裙板等，常作为木雕艺术的表达载体。其次，各木构件的具体形态不同，其运用的古代木雕技艺也不尽相同。斗栱等小型构件，采用圆雕方式；雀替则运用深浮雕增强立体感；门窗中大面积的木板则多采用浮雕或浅浮雕的工艺；有些重点刻画的部位，会将多种雕刻工艺结合，线雕、浮雕、圆雕递进，表达方式活泼多样，工艺精湛，富有层次感，具有极高的艺术价值。再次，明清时期晋商繁荣发展，足迹遍布中国各地，所以晋商民居建筑的木雕风格也吸收了多种地域特色。除雇佣本地雕刻工匠以外，还有很多晋商聘请南方匠人，无形中促成了南北方雕刻艺术的交流，使晋商民居木雕特色既有传统北方的厚重质朴，又具有南方的细致柔美（见图 4–1）。最后，中国古代人民具有趋吉避凶的心理期盼，体现在晋商民居木雕艺术中就是雕刻内容有种类繁多的吉祥图案和人物场景；而且建造过程中南北匠人的交流，也使晋商民居木雕中引入了许多多见于江南地区的山水亭台等图案。总之，晋商建筑的木雕艺术种类繁多，层次多样，不拘一格，内容丰富，整体和谐，局部细腻，是中国古代木雕艺术的重要瑰宝（表 4–3）。

晋商典型民居（王家大院）木雕艺术列表 表 4-3

装饰类型	装饰部位	实例照片	装饰内容
木雕艺术	门窗		一品清廉
			方格锦
			凤戏牡丹
		  	几何纹样

续表

装饰类型	装饰部位	实例照片		装饰内容
木雕艺术	门窗			蝙蝠
	雀替			龙凤呈祥
	挂落			宝瓶、香炉
	翼拱			花草植物
				鹿鹤同春

总的来说，木雕是徽商、晋商民居中运用都最为广泛的装饰艺术，品类繁多，题材各异。在晋商民居中，通常檐下装饰繁密纤细，门窗装饰大都简洁明快，呈现出有紧有松的视觉特征，给人以整体和谐、局部细腻的视觉感受。徽商民居木雕装饰整体来讲，处处体现清代木雕繁缛细腻的特征，往往细节刻画有余，而整体感“谋篇”不足，厅堂内只要目光所及皆是木雕，局部观察完美无痕，整体却处理得过于繁密，而失去重点（图 4–3）。晋、徽民居木雕装饰艺术流传至今，仍然是中国民间艺术中的瑰宝，在现代社会的各种装饰艺术中，仍然处处可以看到它们的身影，散发着灿烂的光芒。

图 4-3　宏村承志堂木雕

4.2　石雕艺术

4.2.1　石雕装饰的基本特征

造价高昂的石雕艺术无论在工艺上还是技术上都成就很高。石质材料具有坚硬耐磨、经久耐用、防潮防水等特质，因此多用在建筑中需要防潮和受力的构件中，起到很好的稳定作用，如柱础（图 4-4）、台基、石鼓、石狮（图 4-5）等，这些构件多位于建筑物下层，为不影响形态的稳定性，石雕力求凝重、沉稳，追求体量感。石雕雕刻手法和木雕相差无几，也主要有高浮雕、浅浮雕、圆雕、线雕和透雕，石材对雕刻工艺的要求很高，相对难雕琢，因此在民居中不如木雕、砖雕装饰运用广泛。

图 4-4　柱础

图 4-5　石狮

4.2.2 徽商、晋商典型民居石雕艺术特色比较

徽商民居的石雕受限于石材本身的特质，远远不及木雕的装饰范围广。徽商民居中石雕常出现于台基、柱础、石狮、漏窗和牌坊，表现手法上多用浅浮雕、深浮雕、圆雕、透雕等，层次丰富。在选材上多就地取材，当地的褐色茶园石和黑色黟县青都是很好的石材，材质细腻且富有光泽。石材对雕刻工艺的要求很高，相对难雕琢，其中最为精美和绚丽的当属透雕，因此只有在财力雄厚的商人民居中才能欣赏到一些工艺复杂、精彩的透雕。徽商民居石雕艺术中代表性的石雕漏窗主要有宏村承志堂的“喜上眉梢”和西递西园的“松石”、“梅竹”石雕。漏窗的特点在于其将有限的空间达到无限意境的作用，空间层次丰富，这与中国古代山水画的留白有异曲同工之妙。徽商民居石雕在题材上也以自然景观的山、水、树、石居多，雕刻风格追求细腻、精致。其中，西递西园的“松石”透雕造型刚劲有力，两棵奇松侧立于山石之上，刀法细腻流畅，“梅竹”漏窗，上半部分为风中摇曳的竹影，下半部分为苍劲的古梅，整体构图重心偏下，设计师巧妙地留白，完全没有石材的厚重感，给人轻松、雅致、和谐的视觉感受（表 4–4）。

徽商典型民居石雕艺术列表　　表 4-4

装饰类型	装饰部位	实例照片		装饰内容
石雕艺术	漏窗			梅竹、松石
				喜上眉梢

图 4-6　高家崖东宅正房前柱础

晋商民居的石雕既表现出豪放、浑厚的特点又有流畅、细腻的手法，集南北秀丽和简练奔放于一体，别具风味。石材对雕刻工艺要求较高，相对难雕琢一些，在晋商民居中有很多工艺较为复杂的石雕精品。王家大院的石雕主要分布在门枕石、抱鼓石、墙基石、壁芯、柱础、上马石、拴马桩、望柱柱头、烟囱、匾额等处，各具姿态、各司其职，纵使经历了百年的风雨，但仍然坚韧与不朽。石雕艺术造型无不惟妙惟肖，一丝不苟，线条自然流畅，人物传神，刀工细腻，可谓刚中见柔，别具风韵。王家大院石雕题材丰富、宽泛，形态逼真，而且每个院落都互不重复，欣赏这些脍炙人口的石雕精品，就是在领悟一段段的人生哲理（表 4–5）。图 4–6 所示为王家大院高家崖东宅正房前柱础，综合了多种传统做法，为三层结构设计，第一层为抱鼓石压扁形态，上面鼓钉犹存；中间一层上部仿照抱鼓石中包袱角的做法，其间装饰着蝙蝠祥云纹样，寄托了主人对美好生活的憧憬；下层为六角形须弥座，雕有草龙的形象，线条流畅，造型雅致，寓意吉祥，是王家大院最为精彩的柱础，有很高的艺术价值和深厚内涵。

徽商、晋商民居石雕艺术无论华丽还是朴素，精巧还是古拙，都显示出雕饰工艺的精湛技术以及晋、徽商人雄厚的经济基础。其装饰图案也以民间最为朴素的表达吉祥幸福寓意的题材最为广泛，表现出强烈的乡土情结。

晋商典型民居（王家大院）石雕艺术列表　　表 4–5

	装饰部位	实例照片			装饰内容
石雕艺术	门枕石				—
					—

续表

	装饰部位	实例照片			装饰内容
石雕艺术	墙基石				麒麟送子、仙鸡送子、天马行空
					行佣供母、吴牛喘月、乳姑奉亲
	柱础				—
					—
	望柱柱头				鲤鱼跳龙门、石狮、辈辈封侯
					马上封侯、童子抱鱼（连年有余）

续表

	装饰部位	实例照片			装饰内容
石雕艺术	排水口				铜钱、万字纹、如意纹
					—
	土地龛				—
	上马石、拴马桩				—
	烟囱				—
	垂带石				狮子滚绣球

续表

	装饰部位	实例照片	装饰内容
石雕艺术	匾额		书卷
			贝叶
	踏跺		书卷

4.3 砖雕艺术

4.3.1 砖雕装饰的基本特征

砖雕是以砖为原材料的雕饰艺术，它模仿石雕而来，却远比石雕经济和易雕琢，而且具有坚硬、耐磨、防腐等特性，因此在民居中颇为常见。砖雕既有石材的刚性又有木材的柔润，呈现出刚柔并济而又淳朴精致的装饰风格。砖雕装饰艺术主要分布在照壁、门楼等处。民居中的砖雕内容选题包罗万象，以吉祥寓意的图案为主，有几何纹样、花草鸟兽、神话传说等。其中，内容以人物为主要刻画对象的砖雕是民居砖雕中最经典也最精美的代表性作品。

4.3.2 徽商、晋商典型民居砖雕艺术特色比较

徽商民居中运用的砖雕的装饰手法，是徽州地区重要的民间工艺形式，是徽州的民间匠人，在满足使用功能的同时赋予装饰美感，运用最基本的建筑材料创造出精美装饰的艺术表达形式。由于砖雕依附于最基本的建筑材料——砖，因此在徽商民居中被广泛运用于建筑的各个部位，常见于建筑门罩、门楼、屋脊及马头墙等处。对不同的建筑构件，在维持其功能形式的基础上进行艺术加工，由于构件形式多样，因此砖雕的表达形式也非常灵活，达到既有实用价值又有美学价值的装饰效果。最早出现在徽商民居中的砖雕，表达形式相对简单，不精雕细琢，多简单稚拙，有独特的艺术趣味；随着徽商的崛起，徽商所拥有的财富也飞速增加，没有了工匠酬金成本的约束，砖雕艺术开始向着内容复杂、线条华美、层次丰富的方向发展，这种砖雕形式即为最

典型的徽州砖雕艺术形式。徽商在清代成为中国十大商帮之首，徽州地区的经济实力也盛况空前，用于家宅建造的资金充沛，其中砖雕部分则向更细腻、更复杂的方向发展。这也刺激了工匠砖雕技艺的提高，精巧的技艺可以塑造更加丰富的情节表达和层次变化，远近景的表达更加细腻，最多有八九个层次之多，其技术、工艺炉火纯青，其砖雕蕴涵了极高的艺术价值和文化价值，推动了砖雕艺术的提高。到了现代，由于地域性的审美传统和砖雕本身的观赏价值，砖雕仍是徽州地区所喜爱的艺术形式。砖雕的技艺流传至今，仍有很多的徽州民间艺术家掌握着这种精湛的技艺。砖雕便于取材、形态精美，深受人们的喜爱，已融入了徽州人的生活（表4-6）。总的来说，晋、徽民居中的砖雕艺术，是中国传统雕刻艺术的重要组成部分，体现了中国传统艺术的高超艺术价值和文化价值。

徽商典型民居砖雕艺术列表　　表4-6

装饰类型	装饰部位	实例照片	装饰内容
砖雕艺术	门罩		垂莲门
			普通门罩
			八字门

晋商民居中的砖雕主要分布在照壁、门楼、墀头、什锦窗等处。晋商民居的砖雕图案画面紧凑，纹饰多样，画工精细，刀工别致，古朴清新，综合使用了浮雕、透雕、圆雕技法，层次丰富，立体感强，形象生动。雕刻风格尽显其质朴醇厚，气势雄浑有力，而且十分注重砖雕与建筑间的整体感，多为浮雕或一层结构的浅圆雕、线刻等工艺造型手法，形式十分富于装饰趣味。图 4–7 所示为王家大院绣楼窗下装饰，此砖雕参考木质栏杆的雕饰形式，一共可分为四层，其中第三层为装饰核心，花卉为主要题材，线性的装饰表达给人以秩序感，不过因其高度过高一般不易被看见。在王家大院西宅凝瑞居大门外檐墙上，还有两幅砖雕精品，其左右相对，合为“鹿鹤同春”，构思精巧，高浮雕工艺，上有仙鹤、瑞鹿，梧桐、青松，寿石，水仙，海水波纹，寓意一品当朝，松鹤延年，群仙祝寿（表 4–7）。

图 4–7　王家大院砖雕

晋商典型民居（王家大院）砖雕艺术列表　　表 4–7

装饰类型	装饰部位	实例照片		装饰内容
砖雕艺术	什锦窗			书卷、寿字
	照壁			鹿鹤同春
	墀头			牧童骑牛、凤戏牡丹

4.4 装饰图案的题材内容

中国古代传统民居装饰图案类型繁多，在相似的明清两代社会大环境与封建经济文化的影响下，徽商与晋商所在的皖南、晋中两地传统民居装饰图案的表达方式是类似的，常常运用象征、隐喻的手法，表达特定的文化内涵，体现当时主人的情感追求、精神寄托以及审美情趣。图案题材的组合方式繁杂多变，或是一种题材，或是综合多种题材，如几何纹样、人物、动物、神仙、鸟兽等组合搭配出现，灵活多变，寓情寓意，并科学地排布图案，充分发挥图案传达给人的感官功能，使其疏密有致、虚实相生。本书将徽、晋两地传统民居装饰图案的题材内容归纳为以下几种类型。

4.4.1 几何纹样的抽象表达

几何纹样是最基本、普适性最强的装饰纹样，以其强大的生命力散布于建筑、器物、服饰等民间日常用品中，由直线、曲线和矩形、菱形等简单几何图形组合而成。在徽商、晋商民居装饰图案中，几何形态是十分普遍的图案题材，包括方格纹、步步锦、笼框、形(万)字、回纹、方胜纹、龟背锦、冰裂纹等多种形式，几何图案作为装饰纹样的特点是，有着极其规律、秩序的排列、变化，呈现出富有动态变化的整体感官效果。几何图案一般都是抽象表达，寓意比较委婉，耐人寻味。如方格纹象征着主人很富有，却为人正直、高风亮节。步步锦内含事业成功，做官步步高升、飞黄腾达的美好愿景。套方锦样式，涵盖了四方、八角、十字图案的寓意，四方内含有正统的意思，八角有吉祥喜庆之意，十字寓意大地的广阔（图 4–8）。几何纹样含蓄的寓

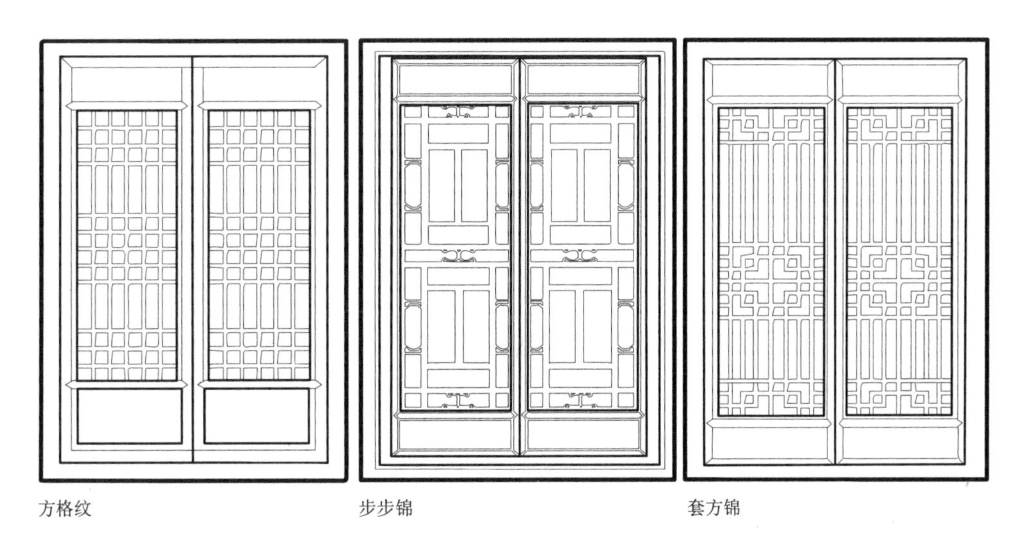

方格纹　　步步锦　　套方锦

图 4–8　几何纹样窗棂

图 4-9　回纹装饰木雕

意和简洁的构成形态符合封建商人的精神需求和审美观，在徽商、晋商民居中都运用广泛，图案通常为上下对称、左右对称的形态，给人以秩序、理性之感。

几何纹样一般大面积用于窗棂图案中或以边饰和角饰的形式出现于一些复杂装饰图案里。在徽商典型传统民居承志堂的装饰图案中，几何纹样中的回纹运用最为广泛，回纹也叫拐子纹，相对规整且相互连接，通常是以其为单位形作多个方向的延伸，形成二方或四方连续图案。图 4-9 中所示回纹为环式的二方连续图案，以边饰形式出现，衬托出中心图案，有时也会结合枝条藤蔓等元素，寓意绵延不断、永久幸福。由于连续式几何纹样具有强烈的秩序美感，因此频繁出现于窗棂、挂落、雀替、栏板等各个构件中。

4.4.2　花草鸟兽的吉祥寓意

具有吉祥意义的花草鸟兽是中国古代民居建筑装饰的主要题材之一。是人们热爱自然、热爱生活的表现。在徽商、晋商传统民居装饰中选取动植物作为装饰图案主要由于三个原因：一是某些动植物的自身具有的特点可以祈福或借物喻志；二是特定动植物名称中汉字的谐音可以表达某种寓意；三是中国古代人民约定俗成的吉祥物。

第一类的装饰图案主要体现了徽、晋商人的文化追求。在封建社会时期儒家思想的影响下，徽商贾而好儒，晋商学而优则贾，徽、晋商人普遍具有较高的文化水平，对文化有着很高的追求。在这种文化追求的影响下，第一类装饰图案具有丰富的文学内涵，其具体范例有牡丹、海棠、梅兰竹菊等。其中，牡丹为我国所特有，在我国历史上即被称为“国色天香”、“花中之王”，是富贵、兴旺的象征。海棠由于其开花时姿态飘逸，花色如锦缎一般，也有富贵典雅的寓意，陆游曾有诗赞其“虽艳无俗姿，太皇真富贵”，自古即有“花中神仙”、“花贵妃”、“花尊贵”之称。而“花中四君子”梅兰竹菊的装饰图案则最能衬托主人的品格，其自强不息、清新淡雅的特点也是古人所崇尚的精神境

乔家大院福寿窗棂图案　　西递桃李园冰梅图

图 4-10　植物类装饰图案

界。图 4-10 右图所示为黟县西递村“桃李园”槅扇门窗，装饰图案为“冰梅图”，寓意“梅花香自苦寒来”，这种“冰梅图”在徽商住宅中颇为常见，渲染出“贾而好儒”的氛围。植物造型以其包蕴的积极意义在民居装饰空间中运用得十分广泛，在某种程度上更是具有中国文化气质的代表性符号。在装饰形式的塑造上，因为民间艺术的自发性和随意性，植物形象塑造往往会偏离自然原型特征，当植物图案装饰在构图中处于配角时，会很难辨认是哪种花，哪种叶子。在徽商、晋商民居装饰中，大量植物形象以镂空雕、深浮雕和浅浮雕等雕刻工艺出现，它们作为主体形象的背景或辅助图形出现，其中相当大一部分植物造型因其程式化而使我们难以辨别其现实原型。

第二类主要包括喜鹊、梅花鹿、蝙蝠、桂花等。喜鹊是中国传统的祥瑞之物，“喜上眉（梅）梢”、“抬头见喜”等是生活中常用的预示幸运的题材。与蝙蝠的“蝠”指代“福”字一样、梅花鹿的“鹿”指代“禄”字，这是中国古代人民两个比较普遍的生活追求，即生活幸福和入朝为官。桂花的“桂”字谐音“贵”，装饰中用桂花有“富贵”的寓意。

第三类主要包括龙、凤、麒麟等我国古代传说中拥有巨大法力的神兽，是上古时期中华民族的图腾，自古就是权力、神圣、富贵、吉祥的象征。

动植物纹样寓意丰富、造型优美，是徽商、晋商传统民居装饰中非常常见的图案。

4.4.3　福、禄、寿、禧的生活愿景

福、禄、寿、禧是人们对前景生活的所有美好愿望与目标，徽商、晋商传统民居把此作为装饰题材的表达内容，直观地传达着主人的生存观念和价值取向。“福”寓意五福临门，常以“蝙蝠”作为福的象征符号；“鹿”谐“禄”之音，代表万事如意，加官晋爵；以“寿星”、“白鹤”、“蟠桃”、“松树”、“八仙”等来代表“寿”，生命可贵，长寿才是一切的基础；“喜鹊”寓意“喜”，又以喜鹊登枝来表达喜上眉梢的含义。在徽商传统民居装饰题材中，对蝙蝠的运用最为广泛，蝙蝠的形象被当做幸福的象征，并将蝙蝠的飞临，结合成“进福”的寓意，希望幸福会像蝙蝠那样自天而降，并以此组合出变化丰富的祥瑞图案（图 4-11）。

王家大院“五蝠（福）捧寿”

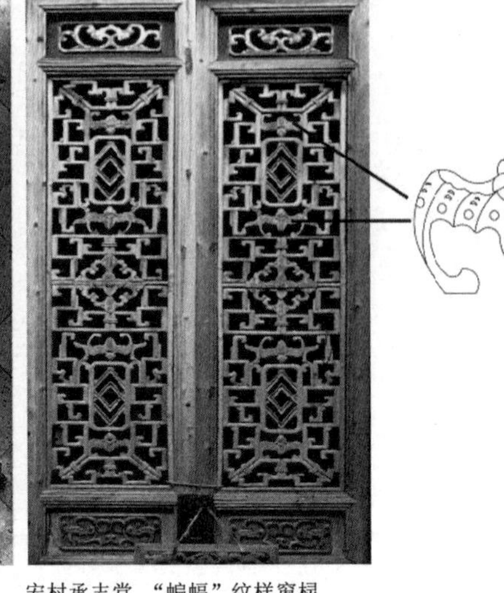

宏村承志堂 “蝙蝠”纹样窗棂

图 4-11 “蝙蝠”纹样的应用

4.4.4 吉庆器物的精神诉求

器物，最早专指尊彝之类我国古代祭祀使用的礼器，后来引申为各种用具的统称。成功的传统商人生活富足且深知财富积累的艰难，害怕失去财富，希望享受健康平安的生活，所以对于喜庆吉祥、趋利避害的诉求尤为强烈。在徽商、晋商传统民居装饰图案中，器物纹样中器物的取材主要有三个方面：喜庆器物，厌胜避邪器物以及文人风雅器物。

（1）喜庆器物装饰纹样。喜庆器物主要包括如意、花瓶、灯笼、绦环、绶带等。如意、绦环、绶带等纹样的使用，因其本身包含了吉祥福瑞的寓意，如意纹是喜庆器物纹样中常用的装饰图案，如意是我国古代的传统祥瑞之物，在徽商、晋商传统民居中，如意纹经常与万字或十字结合出现，有祝愿房屋主人万事如意、健康长寿之寓意。其中，如意纹简洁流畅的线条，十分具有形式美感，频繁出现在诸多装饰构件上，让整个空间充满了生气。

（2）厌胜避邪器物纹样。厌胜避邪器物主要包括“暗八仙”、方胜、盘长等。厌胜避邪为制胜所厌恶的东西、避免或驱除邪祟之意，徽晋商人在门窗装饰中使用厌胜避邪器物纹样也是取避邪趋吉之意。“暗八仙”（图 4–12）、盘长等即古代人们

图 4-12 “暗八仙”图案

图 4-13　博古杂宝木雕

生活中认为有辟邪能力的器物。

（3）文人风雅器物纹样。文人风雅器物主要包括博古杂宝、“四艺”、折扇等。这类器物纹样寓意高洁清雅，是主人对自身文化修养及追求的表达，体现了传统文人的生活情趣对徽、晋传统民居装饰的影响。博古杂宝纹样是典型的文人器物纹样。博古，指的是中国古代器物，如鼎、尊、彝、瓶、文房四宝等。在民居装饰中变形为将一些古代器物的形象结合在一起，运用在装饰构图中。如图 4-13 所示，即将一些器物放在博古架之上，成为一个整体的纹样。学识渊博、博古通今是古代文人的文化追求，博古杂宝既体现了主人的文化内涵，也表达了学而优则商的晋商与贾而好儒的徽商对诗书传家的期盼之情。

图 4-14　忠孝节义题材装饰

4.4.5　忠孝节义的礼制观念

在被封建儒家思想影响了两千多年的中国传统社会生活中，传统道德礼义观念在人们心中打下了深刻的烙印，封建社会中人们的一言一行都受到儒家文化道德礼义观念的熏陶。在徽商、晋商传统民居的建筑装饰中也深刻地体现了这一现象，在皖南西递宏村和晋中王家大院、乔家大院的很多建筑装饰中，有很多雕刻、字画、彩绘等内容都反映了教化礼制观念，是当年家族中长辈对族人的勉励和训诫。体现在装饰图案上，则主要表现为将能反映忠、孝、节、义等礼制思想的图案作为装饰构图的中心。其装饰图案的具体内容有二十四孝、桃园聚义、岳母刺字等（图 4-14）。

4.5 装饰图案的构图特征

4.5.1 装饰图案的传统应用形式

在徽商、晋商装饰艺术中，图案的应用形式可谓丰富多彩。通常，图案的应用形式可分为单独图案、连续图案、适合图案等（表4-8）。单独图案指的是以一独立的单位形为个体的图案，例如一朵花、一个器物以及抽象图形等，单独图案常应用于形态简单的装饰构件上，是最基本的构图方式，是其他图案构成的基本单位。连续图案指一个单元纹样的左右、上下规律重复，连续排列形成的连续状图形，连续图案又可分为二方连续图案和四方连续图案两种类型，其中二方连续图案是由一个单独图案上下或左右两个方向重复排列形成的图案，四方连续图案是指一个图案上下、左右四个方向持续扩展组织形成的图案。适合图案指的是适合于外形需要的图案样式，如瓦当图案、雀替图案等。

装饰图案的传统应用形式　　表4-8

图案应用形式	基本特征	图片
单独图案	单独图案指的是以一独立的单位形为个体的图案，例如一朵花、一个器物以及抽象图形等，单独图案是最基本的构图方式，是其他图案构成的基本单位	
连续图案	连续图案指一个单元纹样的左右、上下规律重复，连续排列形成的连续状图形，连续图案又可分为二方连续图案和四方连续图案两种类型	
适合图案	适合图案指的是适合于外形需要的图案样式，如瓦当图案、雀替图案等	

4.5.2 徽商、晋商装饰图案构成特征

徽商、晋商民居中的装饰纹样从表达方式上可以分为抽象纹样和具象纹样两种。抽象纹样图形几何化，形态简单，规律性强，可重复排列，并且易于制作，多采用连续图案作为背景、边框等较大面积的辅助构图。具象纹样一般雕刻细致、复杂，表达性强，多用于装饰图案的中心部分，作为核心内容起到一定的教化作用。具象纹样多表达一些古代传统文化中的内容，如劝人向善的“百忍图”、“和为贵”，教化孝道的“二十四孝”，民间故事“八仙过海”等。民居主人对纹样内容的选择，也反映出其人生追求与思想境界。

徽商、晋商装饰图案的构图特征都主要表现为：形态简单且规律性强的单独图案为单位形作多个方向延伸形成连续图案，这种连续图案经常被大面积地用于装饰的背景图案中，如回纹、云纹、如意纹等几何图案单独作为背景图案，或与缠枝花等抽象植物纹配合使用，作为一个大面积装饰中的背景纹样。连续图案衬托出装饰的核心图案，如重复变化的窗棂边角图案衬托出复杂、华丽的中心雕刻图案。而作为背景的图案，虽然重复但并不死板，在不影响整体感、不喧宾夺主的前提下尽量增加变化，直线、曲线相互穿插结合，是一种在特定秩序控制下的形态变化（图 4-15、图 4-16）。这种多种构图元素在特定秩序控制下协调变化的装饰思路，在《园冶 · 装折篇》中也有所记载：“凡造作难于装修，唯园屋异乎家宅，曲折有条，端方非额，如端方中须寻曲折，到曲折处环定端方，相间得宜，错综为妙。”①

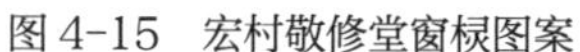
图 4-15　宏村敬修堂窗棂图案

图 4-16　宏村承志堂窗棂图案

① 计成. 园冶. 胡天寿，译. 重庆：重庆出版社，2009.

无论古今中外，装饰艺术就是人们对美的追求的表达载体。中国古人对艺术的创作和审美可以在与外国艺术家之间找到相似的地方，徽商民居中装饰图案的设计方法，与现代设计理论先驱欧文·琼斯（Owen Jones）在《装饰法则》（The Grammar of Ornament，1856 年）中所提出的“形式的和谐”不谋而合。欧文·琼斯提出，一个装饰纹样可以由人们在不同距离对其的认知而分成三个层次：首先是纹样的轮廓，最基本的骨架，是能从远处最先看到的；其次是走近一些可以看到的结构线条；最后是最终看到的生长在纹样结构线条上的细节。而“形式的和谐”，即装饰图案中不同构成元素，直线、曲线、圆、不规则线条等元素之间的和谐。往往纹样的骨架轮廓是直线，进一步的结构线条是直线或曲线，最终细节的表达是圆或不规则线条等。从远到近，从单调的直线过渡为曲线再过渡为复杂线条，不同元素合理而有机地构合在一起，这种层层丰富的认知快感即是形式的和谐。这种设计方式，在徽商民居的装饰中，有着很多相似的例子。如窗棂格栅、栏板、屏风等大型的面状装饰中，都体现出这种不同层级上的“形式的和谐”。在此，将图 4-16 中的装饰图案进行三层级分解为 A1、B1、C1，与欧文·琼斯在《装饰法则》中的图例 A、B、C 相比对，如图 4-17 所示。运用这种类比方法，可以分析出古代工匠在创作过程中的具体思路和处理不同纹样空间关系的手法。

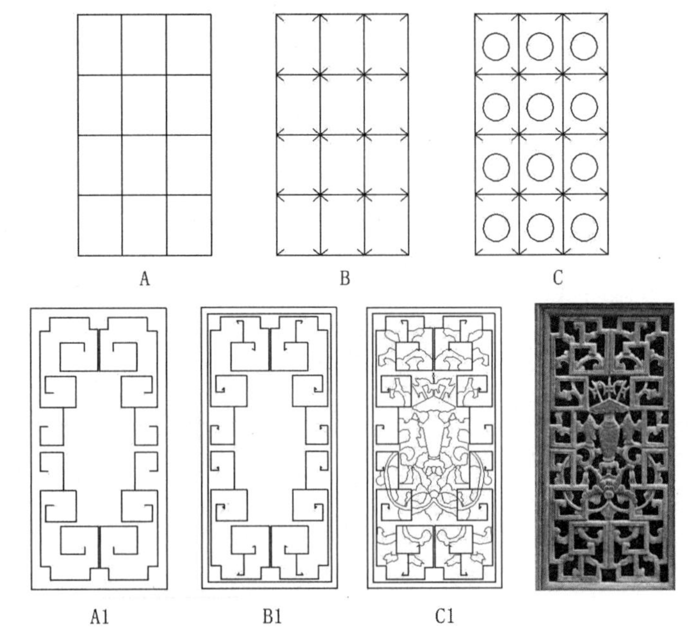

图 4-17　装饰图案的构图形式

4.6　商人意识的审美特征

徽商、晋商集聚财富以后多追求奢侈的生活，因此其家宅都占地广阔，房屋鳞次栉比，装饰纹样追求华丽繁复，审美倾向奢靡华贵。古代文献中对其奢靡的生活都有大量的记载。例如，晋商生活之奢侈在王锡纶《怡青堂诗文集》卷二有所记载，“自数百万数十万之家相望，饰亭台，聚古玩，买姣童于吴间，购美玉于燕赵，比比也，纵博博，蓄优伶，宾从杂沓，一言之悦，乾没万金不问。”而《太函集》卷二记载则徽州盐商“入则击钟，出则连骑，暇则招客高会，侍越女，拥吴姬，四坐尽欢，夜以继日，世所谓芬华盛丽非不足也。”这些文字记载反映出当年徽、晋商人以浮华奢侈为美的审美特征。

徽、晋商人多恋念故土，往往获得财富后不将收益投入扩大再生产，而是衣锦还乡，置地建房，求以光宗耀祖。这种故土思想推动了晋商、徽商民居在建筑和装饰上的发展。同乡商贾之间的攀比斗富，使这些商人民居大多建筑华美、高大，装饰奢侈、复杂。

宏村承志堂建于咸丰五年（1855 年），主人汪定贵是清代徽州大盐商，宅第为晚晴奢靡之风之典型。据说当时建造整栋房子花去白银 60 万两，其中梁栋等木构件用黄金描绘，花去 100 多两，可见其挥金如土，极尽奢华。屋内目光所触，净是木雕，梁枋、斗栱、斜撑、门窗槅扇等，无一不是精妙绝伦的木雕精品，其代表作“百子闹元宵”、“宴官图”，都是雕刻在“不作”雕刻的梁上，主人任用 20 个能工巧匠，历时 4 年多时间才完成屋内的木雕饰。并将苏武牧羊、游龙戏凤、八仙过海、福禄寿喜、二十四孝、招亲送别、渔樵耕读、抚琴吹箫等历史典故、神话传说和生活场景融入其中，这些都是主人追求富贵与荣华的审美思想反映。

本章小结

中国地大物博，幅员辽阔，各地民居在传统封建文化的影响下有着其相似性，但也各具特色。徽商民居及其公共建筑空间形貌及环境装饰体现出一种繁复华丽的风格，造型纤巧雅致，形式丰富多变。而晋商民居及其公共建筑空间形貌与环境装饰艺术则大体上追求浑厚逼真的艺术效果，造型饱满、结构匀称，大气简洁，形式较为统一，整体感强。不同风格的民居装饰图案，反映着不同地域丰富多样的民居及其公共建筑空间形貌与环境特色。民居装饰艺术是集地域环境、传统文化、精神象征于一体的，各地丰富民风、民情、民俗和民族文化的载体，它们共同丰富着中华民族姿态万千的民居艺术语言。

第5章

徽商、晋商典型传统建筑装饰案例分析

很早以前我们的祖先就有雕刻的传统，最早的中国的汉字，甲骨文或许也属于一种雕刻。中国古代建筑，尤其是作为主流的木构建筑，更是与雕刻密不可分。因为中国主流的木构房屋，结构、形态、材料较为单一，所以雕刻、彩绘等附着在建筑上的装饰物或者说附属物就成了展示主人等级和彰显主人尊贵地位的标志。

在还没有彩绘的时代，人们都在梁柱、额枋等部位雕刻作为装饰，后来彩绘出现，大大解放了装饰手法，彩画比雕刻色彩丰富，题材更广，而且省时省工，故建筑都改用彩画装饰，而以雕刻装饰为辅。齐学君、王宝东在《中国传统建筑梁、柱装饰艺术》一书中提到："但是到了明清时期，官府明文规定，庶民庐舍不过三五间，不许用斗栱，饰彩画。"愈演愈烈的封建等级制度在装饰上，屋顶类型、砖瓦类型、开间进深，以及高度、用材、颜色上都作了苛刻的规定。于是，民间富有的商贾、退职的官员，他们为了不逾皇制，不得不另辟蹊径，重新把木雕、砖雕、石雕作为民间建筑的主要装饰手段，追求精巧华贵而又寓意深刻的雕塑装饰，显现出古代匠人们的聪明才智和高超技艺。

5.1 徽商民居的装饰

而在明清时期的徽州，商人们衣锦还乡后便开始为家乡添建宅舍、修建祠堂、挖渠修路、修建园林等，加之互相攀比，依托在建筑上的木雕、石雕、砖雕等就变得越来越多，越来越复杂，这便逐渐成了我们平时所说的徽派建筑的一大特点。

往细里说，建筑雕刻分石雕、砖雕、木雕三大类。齐学君、王宝东在《中国传统建筑梁、柱装饰艺术》一书中提到："徽州文化中还有一种雕刻叫作竹雕，就是在竹制的器物上雕刻多种装饰图案和文字，或用竹根雕刻成各种陈设摆件"，因为极少用在建筑上，所以在这里我们不作过多的讨论。而梁、柱构件的雕饰多以石雕、木雕为主。它的表现形式灵活多样，题材广泛，内容丰富。它的内容与形式完美地结合在一起，既有实用价值，又有艺术价值，使传统的古典建筑显得既华贵又高雅，令人喜爱有加，赏心悦目。

明清时期，用于坡屋顶建筑的木构架，主要为抬梁式与穿斗式。徽州的商人民居的厅堂里也是抬梁式的运用得最广，其中梁受弯承重，所有的官式建筑，以及北方大部分的民居，都用的抬梁式结构。而民居的东西两侧的次间、梢间的木构件多采用穿斗式结构，落地柱直接承重，梁只起到拉接柱子使之形成一榀榀的梁架的作用，柱子较细较密，因此把空间分得较碎小，主要用于南方各地的民居。所以说徽州商人民居建筑结构是属于混合式的，也就是在穿斗式结构里加入了部分抬梁式结构的特点，在典型的民居合院中，仅在厅堂处用抬梁式，侧面的生活起居部分，尤其是楼层，则用穿斗式。

1. **按材料来分，首先是木雕，木雕在建筑中应用较广**

按雕刻装饰部位来分类的话，可分为落地柱上的雕塑装饰，不落地柱（瓜柱和垂柱）上的雕塑装饰，梁枋上的雕塑装饰，与梁、柱相接构件上的雕塑装饰，以及门窗、花罩、槅扇等非承重构件上的雕塑装饰这五大类。

第一类，落地柱上的雕塑装饰

室内的落地柱分内柱和外檐柱两种，内柱是室内装饰的亮点。内柱多与梁枋、天花、藻井、太师壁、拱形月梁、上层形塑的美人靠栏杆、商字形门额、挂落或者侧门上的隔断、柱枋、槅扇相连接，层次错落，各有千秋，装饰的复杂程度让人目不暇接。但是需要知道的是，徽派建筑中的天花和藻井用得较少，只有祠堂这类中心建筑才有天花，最多的是彻上露明造的民居，我猜想这或许也是怕逾越传统礼制。

外檐柱除在房屋的立面构图中起着重要的作用之外，对于丰富立面的线条，增加景深，亦有着重要的作用。而且把房屋立面上的装饰构件，如雀替、花枋、花榍以及竖向的楹联等都连接在一起，使之成为附属构件，并通过组合装饰工艺，表现出整体的艺术效果。

落地柱由柱础、柱身、柱头三个部分组成（图 5-1）。

（1）柱础是木柱下面接触地面的部分，最早是埋在地下的。后来发现木柱根部容易腐烂，便将石头柱础抬高。明代时使用覆盆柱础，但是到了清代，柱础的新形式层出不穷，是石雕的又一重点部位。

较之皇家和江南园林，徽州民居的柱础多古朴、优美，用的多是南瓜形柱础、鼓形柱础，我认为柱础变高、变立体可能是为了防潮，或者是为了在上面增加装饰。

齐学君、王宝东在《中国传统建筑梁、柱装饰艺术》一书中提到：最早的柱础是和柱基一体的，埋在地下的部分叫作柱基，露出地面的部分才叫柱础。后来二者分开，柱础的基础成了埋在地面下的结构构件，而柱础除了传递荷载、防潮耐久之外，又作装饰构件。此外，在柱身与柱础之间还有一个过渡部分，古代称之为"锧"的构件。主要是为了保护柱脚和防潮。青铜器时期都用金属，后因贵重都用石材或者木材了。

图 5-1　徽州宏村汪氏宗祠内的柱子

因为柱础位置的原因，从人的视角看它时，立体的柱础便有了看面和隐面的区分，因此聪明、智慧的古代人只在看面雕刻花纹，处处从建筑的住人角度出发，节约了大量成本。

(2)徽州民居里的柱身都为木质，因为是承重构件，所以上面几乎没有雕刻，柱子较细长，上面经常挂竹刻或木刻楹联，以渲染空间主题或表达美好寓意。

(3)柱头是柱身上部的端头，由于这部分是与梁枋、雀替、撑拱、牛腿等多种构件相结合的部位，故雕饰多集中于此。

第二类，不落地柱（瓜柱和垂柱）上的雕塑装饰

（1）瓜柱又叫童柱、蜀柱、侏儒柱，是位于上部梁架中，两层横梁或枋之间的短柱。有的柱脚分叉骑在下面的梁或者枋上，有的柱脚做成莲花、花瓣、叶片的形状，还有的甚至直接把整棵短柱做成瓜果的形状，承接上梁，所以民间都叫它瓜柱（图5–2)。

（2）垂柱常出现在檐下、门楼下，它不立在地上，也不立在梁枋上，而是悬在半空中，常常由挑出的横梁支托，下部常常被雕刻成各种形状，比如说锥形、莲花、花鼓、葫芦、寿桃、花篮或者花灯等。比如传统的北京四合院中垂花门下面就有垂莲柱。徽州民居里的垂柱用得较少，但其形象常见于入口的砖砌门罩的组合要素里面(图5–3)。

图5-2　歙县呈坎的民居里瓜柱

图5-3　黟县宏村某民居门上牌楼的垂花柱

第三类，梁枋上的雕塑装饰

徽州民居大木作最大的特点之一就是喜欢把横向的梁枋做成月梁，当地人也叫冬瓜梁，形似枕头，通体圆润没有棱角，因为它的形状像冬瓜，像枕头，中间拱起；两端下垂，并把两端头做成圆头，用曲线来修正梁枋的厚重感。冬瓜梁上的雕塑装饰一般都是左右对称的，而且在一组建筑重要部位上的梁枋，例如正间的骑门梁，一般都是装饰的重点，例如徽州民居合院厅堂正间两棵外檐柱之间的梁，因为民居里的梁首先是木制的结构构件，所以冬瓜梁上的雕塑装饰用线刻、浮雕较多，透雕较少。跟柱础的原理相同，因为人看到的梁枋都是侧界面和底界面，所以雕刻多集中在中部、下部界面。雕刻内容也很丰富，两端多是带有吉祥寓意的花纹，中间有时会雕刻花纹，文字、花鸟兽、神话故事、人物场景等，有的散落，有的团在一起，让人想起苏式彩画中的包袱，人物神态丰富，刀法古朴、不拘泥（图 5-4、图 5-5）。

第四类，与梁、柱相接构件上的雕塑装饰

徽州民居里的此类构件主要有雀替、梁托、柁墩、瓜柱、驼峰、角背、牛腿、撑拱。

（1)雀替和梁托：雀替和梁托在结构上的作用类似，都是位于梁与柱交接处，用来承托梁或枋的构件。只是雀替一般是一对，比较精致，在柱两侧，类似于华表的感

图 5-4　黟县宏村承志堂正间月梁的雕饰

图 5-5　黟县宏村承志堂

觉，像鸟的翅膀，故叫作雀替。一根柱子，左右两侧的雀夹住柱顶，替将之连在一起。雀替起初是因解决建筑立面上的构图问题发展而来的，雀替像一对翅膀一样在柱的上部向两边伸出，解决了柱头部分的装饰问题。而梁托则比较随意，不必对称，可以是单个存在，样式也多样，可复杂、可简约。在徽州民居中，雀替和梁托均做成木雕，形式多样，花鸟兽，或者是各种吉相纹饰。

（2）柁墩、瓜柱、驼峰：驼峰是一种力与美结合得十分完美的构件，驼峰的产生始于力学的功能，后来逐渐演变为除受力外还同时具有装饰性的构件。最早它是抬梁式构架中的瓜柱和柁墩，在两层叠梁之间支撑上层梁，为了构件的稳定性，后来逐渐发展为一个整体构件，样子很像骆驼的峰，故称为“驼峰”。驼峰的结构十分稳定，与下梁的接触面积大，受力合理。柁墩、瓜柱、驼峰的前身实际都是承接上下两梁之间的短柱，因为很短，所以慢慢演变出各种形象的木质构件。

（3)角背：在构架中还有另外一种构件，它是依靠在瓜柱或柁墩两侧起扶持作用的三角形木块。由于它似三角形，且又背面向上，故称为“角背”。在传统构架中应该是先有童柱，后为了加强稳定性增加了角背，而后又把二者合二为一组成了驼峰，成为一个构件。

（4)撑拱、牛腿：撑拱是一根斜撑木，下端支在柱上，上端支托住屋檐，在民居建筑中可替代斗栱的作用，所以称它为撑拱。因为它是斜向的承重构件，所以常常在形成的三角形空隙里面填充木板，并进行雕刻，镂雕是最常用的，后来撑拱与填充的木板干脆做成一个构件，并进行雕塑装饰，就形成了三角形的承重构件——牛腿。牛腿可雕成各种动植物、花鸟鱼兽、带有吉祥寓意的文字等。后来，牛腿的装饰意味越来越强，甚至有时在挑出来的梁枋能支撑屋檐的情况下也设置牛腿，所以到了后期有些牛腿慢慢地失去了结构价值。徽州民居里屋檐下面的牛腿是装饰重点，常用圆雕、透雕做出各种兽形，圆雕常见的有狮子、猴子、马、牛、羊等，透雕则有“福、禄、寿、禧”等，文字最多（图 5-6）。

第五类，门窗、花罩、槅扇等非承重构件上的雕塑装饰

（1）槅扇的主要构件包括抹头、边梃、棂心、绦环板、裙板。有四抹头、五抹头、六抹头三种长槅扇用作槅扇门，三抹头和四抹头的短槅扇用作槅扇窗。根据开间的尺寸大小，一般每间可安装四扇、六扇或八扇槅扇。徽州民居里的槅扇雕塑装饰繁多，棂心是最富变化的部分，有冰裂纹、回纹、万字纹等，用一块木板透雕，玲珑剔透，雕法古朴又细致（图 5-7）。下面的绦环板和裙板常雕刻山林鸟兽、梅兰竹菊、人物场景、神话故事、小说故事等，主题丰富，常用线刻或浮雕，由于雕刻内容多为神话故事，所以这些木雕作品在“文革”时期遭到了严重的破坏，很多原本生动的人物

图 5-6　黟县宏村承志堂牛腿装饰雕刻

图 5-7　黟县宏村承志堂的槅扇门

都被铲去了脸。

（2）花罩是室内装饰中很常见的一种隔断，用于区分室内空间，空间上隔而不阻，视线上隔而不断，起到了分隔空间、丰富层次和装饰美化的作用。

2. 按材料来分，除了木雕，徽州民居里面用得最多的是砖雕

砖雕有其自身的特点，与木雕相比，它的使用时间更为长久；与石雕相比，砖材料相对较软，易于操作。所以，自古以来砖雕一直是建筑装饰中不可缺少的一部分，尤其在用砖最多的民居建筑中，应用更为广泛。

由于青砖廉价，因此工匠能大胆、自由地创作。明清时期是砖雕发展的全盛时期，刀法浑厚，雕刻内容丰富，有的寥寥几笔，有的刻画精细，不管是写意还是写实都处理得很好。徽州民居的砖雕清代时趋于繁琐、华丽，从近景到远景有七八个层次之多，有的甚至有九个层次，层次和立体感十分丰富。徽州民居里的砖雕还有一个特点就是雕刻题材广泛，以寓意吉祥的图案为主，如岁寒三友、花草鸟兽、福禄寿禧、喜鹊登梅、博古花瓶、鹤鹿同春等。《中国传统建筑雕饰》中我印象最深刻的是砖雕花窗“喜上梅（眉）梢”。这些砖雕主要用在门罩、门景和月洞、花窗上面。

1）门罩

徽州民居里门罩的主要形式有：四柱落地牌楼式门罩、双柱落地牌楼式门罩、垂花门悬柱式门罩、门楣式门罩、龛式门罩等。门是中国传统建筑的脸面，也是彰显

主人身份和财富的标志，而且门也是连接空间和界定空间的建筑组成。而门罩则有着防卫、装饰、美化和震慑外来人员的作用。我认为安徽民居中门罩的出现还有一个原因，就是粉墙黛瓦的高墙大院过于高大空净，而入口门因为防盗等原因不得不开得很小，因此为了打破这种空白，突出入口，强调入口门在整组建筑中的重要地位，所以把入口做成花罩，并装饰砖雕、石雕（图 5-8）。

四柱落地牌楼式门罩（2011 年写生自摄）

双柱落地牌楼式门罩

垂花门悬柱式门罩

门楣式门罩

龛式门罩

图 5-8　徽州民居里的门罩

2）门景和月洞

通俗一点来说，门景是墙上面开有砖砌门洞而不装门板的一种景观门洞，常常开成几何形，或者梅花、海棠、秋叶、宝瓶等有吉祥寓意的形状。同理，月洞是墙上面开有砖砌窗洞而不装窗扇的一种景观窗洞。门景和月洞使建筑似隔还连，增加了建筑和园林的层次感，又界定了空间。

3）花窗

花窗是设置在建筑墙体上的装饰构件，是园林中分割空间及组织空间的重要因素。花窗包括漏窗、空窗、什锦窗等，装饰题材丰富，制作材料繁多，多用于园林建筑中，在功能及装饰上均发挥了良好的艺术效果。花窗有沟通内外景物的作用，我们可以透过墙上的花窗看到另一边的景色。花窗的沟通效果是隔而不断的，似隔非隔，通过花窗所看到的景物若隐若现，产生一种模糊的效果。为了避免对外泄景，花窗一般很少使用在外围墙上。徽派建筑中的花窗主要为漏窗，且多用在园林中，或民居院落之间的隔墙上。砖雕漏窗的形式丰富且精美。通常边框由水磨清水砖制成，形状有圆形、方形、六角形、八角形、扇形、花形、瓶形等，窗心图案包括有几何纹样、花草纹样以及具有一定吉祥寓意的图案等。《中国传统建筑雕饰》中徽州民居里最著名的是“喜上梅（眉）梢”花窗（图 5-9）。

3. **按材料来分，除了木雕、砖雕，徽州民居里面还有石雕**

徽派建筑中的石雕主要出现在石牌坊、祠堂门口的石狮、民居门口的石抱鼓、石柱础、石漏窗等地方。

（1）牌坊又叫牌楼，是由棂星门演变而来，最早的牌坊都为木制，但是由于木材耐久性差、容易腐蚀，后来多改为石牌坊或石木结合牌坊。牌坊是一种纪念性和标志性建筑，根据其用意分为功德牌坊、贞节牌坊和标志牌坊。牌坊可以分为二柱一间的牌坊、四柱三间的牌坊、六柱五间的牌坊，还有三间八柱一进式的牌坊。王其钧先生在《中国传统建筑雕饰》一书中提到，徽州地区的牌坊原有 1000 多座，到现在只剩下 100 多座，因此有牌坊之乡的美称。

徽州地区著名的歙县许国大学士牌坊就是三间八柱一进式的功德牌坊，四面都可以观看，所以也叫“八脚牌坊”、“四牌坊”，整个牌坊都选用的是质地坚硬的青色茶园石，是仿木牌坊，顶部还可以看到仿木斗栱的痕迹。上面的装饰图案也都别具匠心，柱子、梁枋、匾额、斗栱和雀替上面都施以精美的雕刻，排放的柱子前的倚柱上还雕出了石狮，四面都有，一共十二座，神态各异，栩栩如生。梁枋上雕刻了与许国大学士有关的情景画，用来赞颂他的成就和功绩。

西递村口的胡文光牌坊也是比较有名的功德牌坊，三间四柱五楼式，在徽州棠樾的牌坊群中是最有名的。这些牌坊位于村东头的大道上，一共七座，明代三座，清代四座，全部为三间四柱三楼石牌坊。依次为“忠、孝、节、义、节、孝、忠”，排列的寓意在于从哪个方向通过都是“忠孝节义”的顺序。其中的两座“节”牌坊就是贞节牌坊，是宣扬封建礼教，纪念鲍家女人为夫守节用的。

（2）民居门口的抱鼓石是建筑大门前的一种石雕装饰构件，在建筑学上称其为“门枕石”，同时也是门槛两端承托大门转轴的一种起固定作用的构件，一般多成双

安徽西递花窗

“喜上梅（眉）梢”花窗

安徽西递花窗

图 5-9　砖雕漏窗

成对地装置在门框立柱的两侧，上面雕有各种各样的吉祥图案，在起到保护作用的同时又具有很强的衬托装饰作用。安徽地区的抱鼓石造型较为独特，通常底部的须弥座较高，同上面的圆鼓一样轻薄无饰，露出黑褐色的光洁表面，与白色的外墙形成鲜明的对比，整体感觉淡雅、朴素。

（3）石漏窗和砖漏窗的样式相似，但相对青砖材料来说，成本稍高，虽然坚固，但石材不易雕刻，且不宜雕琢细部，所以应用较少。

经过这样的整理，笔者对徽派建筑中雕刻艺术的理解更加深刻，这些雕刻中凝聚了徽州民众的生活智慧，表现了当地工匠精湛的工艺，也体会到了当地优秀的传统建筑文化。

5.2 晋商民居的内部装饰——以乔家大院为典型案例

位于山西省祁县乔家堡村的乔家大院作为晋商民居的代表，其建筑内部的很多雕刻艺术也都很精美。2001 年乔家大院被国务院批准为全国重点文物保护单位，2014 年 12 月 27 日又被评为国家 5A 级旅游景区。

乔家大院整个院落呈双“喜”字形的结构形态，总体上分为 6 个大院，内部可分为 20 个小院，有 313 间房屋，总占地 10642 m^2，建筑面积约有 4175 m^2。整个院落是城堡式建筑，三面临街，四周是高达 10 余米的全封闭青砖墙，大门为城门洞口式，是一座具有北方尤其是晋中地区汉族传统民居建筑风格的古宅（图 5–10、图 5–11）。

图 5–10　乔家大院鸟瞰图
（资料来源：网络）

图 5–11　乔家大院入口

1. 建筑风格

乔家大院为了安全的需要，总体布局是三面临街，不与周围民居相连。游客进入乔家大门后是一条长 80 m、笔直的石铺甬道，把 6 个大院分为南北两排，甬道两侧靠墙有护坡。西边尽头处是乔家祠堂，与大门遥相对应。大院有主楼四座，门楼、更楼、眺望阁六座。各院房顶上有走道相通，用于巡更护院，显示了中国北方封建大家庭晋商的居住空间格局。不但有整体形态美感，而且在局部建筑上也具有自身特色，即使是房顶上的 140 余个烟囱也都各有特点。全院亭台楼阁，雕梁画栋，堆金沥粉。外围是封闭的砖墙，高 10 m 有余，上层是女儿墙式的垛口，还有更楼等建筑类型。大门坐西朝东，上有高大的顶楼，中间为城门洞口式的门道，大门对面是砖雕“百寿图”照壁。大门以里，是一条石铺的东西走向的甬道，甬道两侧靠墙有护墙围台，甬道尽头是祖先祠堂，与大门遥遥相对，为庙堂式建筑空间结构。北面的三个大院落空间，都是庑廊出檐大门，加装了暗棂暗柱。

三大开间的房屋建筑，可容三辆轿车同时出入，门外侧有拴马柱和上马石，从东往西数，依次为老院、西北院、书房院。所有院落都是正偏房屋结构，正院房屋主人居住，偏院房屋则是客房、佣人住室及灶房。在建筑上偏院较为低矮，房顶结构也大不相同，正院房屋都为瓦房出檐，偏院房屋则为方砖铺顶的平房，既表现了伦理上的尊卑有序，又显示了建筑上的层次感。

乔家大院大门坐西向东，为拱形门洞，上有高大的顶楼，顶楼正中悬挂着山西巡抚受慈禧太后面喻而赠送的匾额，上书“福种琅环”四个大字。黑漆大门扇上装有一对椒图兽衔大铜环，并镶嵌着铜底板对联一副：“子孙贤，族将大；兄弟睦，家之肥。”字里行间透露着乔致庸等房屋主人的希望和追求，也许正是遵循这样的治家之道，乔家大院经过连续几代人的努力，达到了后来人丁兴旺、家资丰厚的辉煌。

大门顶端正中镶嵌青石 1 块，上书“古风”。大门对面的影壁上，刻有砖雕“百寿图”，一个字一个样，字字有风采。百寿图为“在中堂”主人乔致庸的孙婿、近代著名学者、篆书家常赞春书写。掩壁两旁是清朝大臣左宗棠题赠的一副意味深长的篆体楹联：“损人欲以复天理，蓄道德而能文章。”楹额是“履和”。甬道的西尽头处是雕龙画栋的乔氏祠堂，与大门遥相对应。祠堂装点得十分讲究，三级台阶，庙宇结构，以狮子头柱、汉白玉石雕、寿字扶栏、通天棂门木雕夹扇为房屋构件来建造。出檐以四条柱子承顶，柱头有玉树交荣、兰馨桂馥、藤萝绕松等镂空木雕。额头有匾，上书“仁周义溥”四字，李鸿章所题。祠堂里原来还陈列着木刻精雕的三层祖先牌位。

甬道把六个大院分为南北两排，实际上也体现着当代居住小区的组团概念，北面三个大院均为开间暗棂柱走廊出檐大门，便于车、轿出入。大门外侧有拴马柱和上马石。从东往西数，一、二院为三进五院，是祁县一带典型的里五外三穿心楼院落结构，里外有穿心过厅相连。里院北面为主房，二层楼，和外院门道楼相对应，宏伟壮观。从进正院门到最上面的正房，需连登三次台阶，它不但寓示着“连升三级”和“平步青云”的吉祥之意，也是晋中地区建筑工匠对建筑层次结构的创意安排。

南面三个大院为二进双通四合斗院，硬山顶阶进式门楼，西跨为正，东跨为偏。中间院和其他两院略有不同，正面为主院，主厅风道处有一旁门和侧院相通。整个一排南院，正院为族人所住，偏院为花庭和佣人宿舍。南院每个主院的房顶上盖有更楼，并配建有相应的打更巡逻的通道，既把整个大院连接起来，又增加了消防与安全疏散通路。

2. 木雕艺术

祁县乔家大院还有更激动人心的装饰与雕刻艺术作品，这就表现在随处可见的精致的板绘工艺和巧夺天工的木雕艺术，雕刻作品里很多都有其民俗寓意。每个院的正门上都雕有各种不同的人物。如一院正门为滚檩门楼，有垂柱麻叶，垂柱上月梁斗子，卡风斗子，十三个头的旱斗子，当中有柱斗子、角斗子、混斗子，还有九只乌鸦，可称非常优秀的好工艺。二进门和一进门一样，为菊花卡口，窗上有旱纹，中间为草龙旋板。三进门的木雕卡口艺术主题为葡萄百子图。

二进院正门木雕艺术主题有八骏马及福禄寿三星图，又叫三星高照图。二进院二进门木雕有：花博古架和财神喜神，这花博古是杂画的一种，相传北宋时期宋徽宗命人编绘宣和殿所藏古物，后来就定为“博古图”。后人将图案画在器物上，形成装饰的工艺品，泛称“博古”。如“博古图”加上花卉、果品作为点缀，而完成画幅的叫“花博古”。正房门楼为南极仙骑鹿和百子图。其他木雕还有天官赐福、日升月恒、麒麟送子、招财进宝、福禄寿三星及和合二仙等。和合二仙亦称“和合二圣”，是一种民间神话故事主题。明代田汝成在《西湖游览志余》中说：“宋随杭城以腊月祀万回哥哥，其像蓬头笑面，身穿绿衣，左手擎鼓，右手执棒，云是‘和合之神’。祀之可使人在万里之外亦能回家，故曰万回。”后分为二神，称“和合二仙”。二仙亦蓬头笑面，一持荷花，一捧圆合，取“和谐合好”之意。旧时一般在婚礼时悬挂在厅堂之中，以示吉利之意向。

此外，二进院柱头上的木雕也是多种多样。如八骏、松竹、葡萄，表示蔓长多子、挺拔、健壮；芙蓉、桂花、万年青，表示万年富贵；过厅的木夹扇上刻有大型浮雕“四季花卉”、“八仙献寿”，传统装饰纹样。“八仙献寿”，是传说中的汉钟离、张果老、韩湘子、铁拐李、吕洞宾、曹国舅、蓝采和、何仙姑八仙赴会瑶池，为西王母祝寿举办大型庆典，以此组成的画面纹样装饰木雕，造型优美，栩栩如生。全院现存有木雕艺术作品300余件。

3. **砖雕艺术**

乔家大院的砖雕工艺更是到处可见，题材非常广泛。有壁雕、脊雕、屏雕、扶栏雕刻。如一进院大门上雕有四个狮子，即四狮（时）吐云。马头上雕有“和合二仙”，抬着金银财宝，卡圆上雕有兰花。掩壁上为“龟背翰锦”，是传统的装饰纹样，为六边形骨架组成的连续几何图形与图案。因它像龟的背纹而得名。古时以龟甲作为占卜的工具，视能兆吉凶。古书《述异记》云：“龟千年生毛，寿五千年谓之神龟，万年为灵龟。”以龟为长寿的一种通灵之物，用作图案，以示吉祥延年。进了一院大门对面有一大型砖雕土地祠，雕有松树、桐树和登于太湖石山上的九鹿，喻示九路通顺。立柱上有四个狮子滚绣球。一院偏院南房墙上有五个扶栏雕，中间为葡萄百子图，表示蔓长、多子多福和富贵不断头，其余四个格子为“博古图”。一院正院的马头上雕有四季花卉。二进院的马头上为四果及“暗八仙”。所谓“暗八仙”，是指采用八仙所执器物，不画出八仙人的具体人物形态，故称“暗八仙”，含有吉祥通达之意，明、清时采用较多，徽商的民居里“暗八仙”装饰雕刻也很多。

乔家大院的二院大门的马头正面为犀牛贺喜，侧面为四季花卉图案。二院正房前面走廊的扶栏雕，从东往西数，一是“喜鹊登梅”，二是“奎龙腾空”，三是“葡萄百子”，四是“鹭丝戏莲”，五是“麻雀戏菊”。大院的东偏院过门雕有“四季花卉、四季四果”，加“琴棋书画”，也是取“吉祥如意”之意。

乔家大院的三院里有“大的长廊”，马头正面是“麒麟送子”，侧面有“松竹梅兰”，又有“梅兰竹菊”之图案装饰。

乔家大院的四院门楼中为香炉，侧为“琴棋书画”。院内“梯云筛月”，享有“四狮（时）如意、梅根龙头、四季花卉、花开富贵”。院中有掩壁，赵铁山书写题字。右边为暗八仙，狮子滚绣球，表示“平安如意”；还有“凤凰戏牡、鹿鹤同春”。左边为双鱼、戟罄，属吉祥如意图，是传统的装饰纹样之一，这是指以古代兵器中的戟，乐器中的罄和鱼纹组成的画面，取戟与吉、罄与庆、鱼和余的同音，表示“吉庆有余”。院内西跨院正房门楼有葡萄与菊花百子，上面扶栏为琴棋书画及博古图。四个马头正面为四个狮子，侧面为四季花卉。尤其是“省分箴”雕和前面提到过的“百寿图”雕一样，也是不可多得的艺术珍品。

乔家大院的五院门楼马头为麒麟送子，院内四个马头为“鹿鹤桐松”。院内南正房门楼为“菊花百子”，中间为“文武七星，回文乞巧”，又叫“七夕乞巧图”。

乔家大院的六院东院进门两侧为“喜鹊登梅”，背面为青竹和“福禄寿”仨字。四个马头为“暗八仙”。院内正房扶栏中为葡萄，东为莲花，西为牡丹。院内前院内有“福德祠”，八宝图上有两个活灵活现的狮子和喻为“吉庆有余”的图案。

4. 石雕艺术

乔家大院中的石雕工艺虽然比较少见，却是十分的精细。乔家大院现有几对石狮，石狮形态各异，憨态可掬。有的石狮为踱步前行状，刀纹如新，锋芒犹在，表现得非常机警、威武、活跃。它们顾盼自豪的头部，提起了全身的神气，表现出狮子的雄壮、英武而不失真实，给人以健康、活跃的形态面貌，富有顽强生命力的感觉。

还有的就是阴纹线刻，如五院门外蹲石狮底座为“金狮白象”，中为“马上封猴（侯）”、“燕山教子”、“辈辈封侯”。五院南房柱石底垫为“渔樵耕读”、“麻姑献寿”等。六院门外蹲石狮石础上有“出将入相”、“神荼郁垒”，相传古代以神荼、郁垒为门神，可以御凶邪避鬼魅，还有“得胜返朝”等线刻雕塑，这些雕塑图像清晰，线条流畅，形象逼真。

5. 彩绘艺术

乔家整个大院中所有房间的屋檐下部都有真金彩绘，内容以人物故事为主，除了“燕山教子”、“麻姑献寿”、“满床笏”、“渔樵耕读”外，还有花草虫鸟，以及铁道、火车、车站、钟表等多种多样的图案。这些图案是采用堆金沥粉，和三蓝五彩的绘画各有别致。沥粉工艺十分细致，需要一层干后再上一层，就这样层层堆制，直到把一件饰物逼真的浮雕制作完成为止，最后涂上金粉。其他还有线条勾金、敷底上色，都是天然石色，因此，可以保持经久不褪、色泽鲜艳的形态面貌。

6. 牌匾艺术

乔家大院各个门庭所悬挂的牌匾很多，内有四块最有价值。其中有三块牌匾是乔家的，也是值得乔家自豪和感到荣幸的。那就是光绪四年由李鸿章亲自书写的“仁周义溥”和山西巡抚丁宝铨受慈禧太后面谕送的“福种琅环”，以及民国16年祁县昌源河东三十六村送给乔映奎的“身备六行”。前两块牌匾表明乔家在某个时期对官府的捐助，又经朝廷大员题词推崇，因此倍加荣耀光彩。后一块牌匾也从一个侧面反映了乔家的一些善举和对人处事的方法。另外一块牌匾价值更高，那就是傅山亲笔题写的“丹枫阁”牌匾，现在保存并展示于乔家第四院的东房内。“丹枫阁”建成后，傅山为其亲笔题了匾，同时，戴廷式写了“丹枫阁记”，傅山又在后面加了跋，这也是一段佳话。

此外，乔家大院还有各院的门匾，例如“彤云绕”、“慎俭德”、“书田历世”、“读书滋味长”、“百年树人”、“惟怀永图”、“为善最乐”、“居之安”、“洽福多”、“建乃家”、“静观轩”、“梯云筛月”等都有其一定的具体寓意，也构成晋中晋商大院文化的组成部分。

7. 照壁艺术

乔家大院有“龟背翰锦”主题照壁。乔家大院甬道北面三个府门两侧有六处龟背纹的照壁，壁心以几十个六边形连续组成几何图形的龟背纹样的砖雕砌饰，来表示延年益寿，其外观简洁大方。乔家大院东南院和新院里偏院大门两侧也有一个小型的龟背锦花墙的照壁。

乔家大院新院正院门对面山墙上有“二气生辉”主题照壁。整个照壁画面由两部分组成，北半边顶部云中挂了一轮弯月，其下有“莲花、莲子和一对鸳鸯”，寓意为“连生贵子”，整个照壁寓意“二气交辉”；南半边顶部砖雕砌饰悬挂一轮圆日，其下有牡丹和一对凤凰，“牡丹”是花中之王，富贵一品，“凤”为鸟中之王，为吉祥之兆，寓意为“二气生辉”。这组砖雕采用高浮雕的技法，其中的莲花、牡丹的花瓣向上层层叠叠地突出来，它们细腻逼真，并且立体感很强。

乔家大院新院偏院大门西侧的花墙上有喜鹊登梅壁雕，“喜鹊登梅”是中国传统吉祥图案之一，因为梅花是春天的使者，喜鹊又是报喜鸟，是好运与福气的象征，喜鹊登梅寓意吉祥、喜庆、好运的到来。“梅”谐音“眉”，喜鹊落在梅枝上寓意“喜上眉梢”；图中有一对喜鹊，也有双喜临门之意。乔家大院还有“猫蝶戏菊”的雕饰：乔家大院新院偏院大门东侧花墙壁上的雕饰图案由“猫、蝴蝶、菊花”构成，猫谐音“耄”，蝶谐音“耋”，中国俗话常讲“六十花甲子，七十古来稀，八九十岁叫耄耋之年”。菊花是不畏秋寒开放，深受中国古代传统文人士大夫的喜爱，亦有高寿之意，整幅雕饰图案有希冀健康长寿之寓意。梅竹双清：是乔家大院东南院偏院二进院大门花墙上两侧壁雕图案，皆为梅树，树叶茂盛、繁花似锦；其相对应的背面两侧花墙砖雕图案皆为修竹，枝挺叶秀。这两处墙壁雕饰的画面疏密有致，别具一格，令人赏心悦目。

从徽商、晋商民居里的雕刻与装饰构件的横向比较，可以看到它们之间都采用了传统民居的木材、石材、砖材来进行雕刻，并作为装饰构件，其装饰的主题大多数取材于传统文化里的吉祥如意、福禄寿禧、子孙满堂、多子多福等寓意。但因为各自的民居空间形态的不同，徽州的院落天井的尺度比较小，而晋商的民居大院居住了很多的兄弟人家，占地规模较大、院落房屋也较多。民居里的雕刻与装饰构件的数量多少，显示出徽商、晋商家庭的经济实力，大院民居装饰构件的主题和具体特色，反映了民居主人的爱好与审美情趣，至今它们仍然散发出迷人的魅力！

第6章

典型徽商、晋商传统建筑空间形貌的实例分析

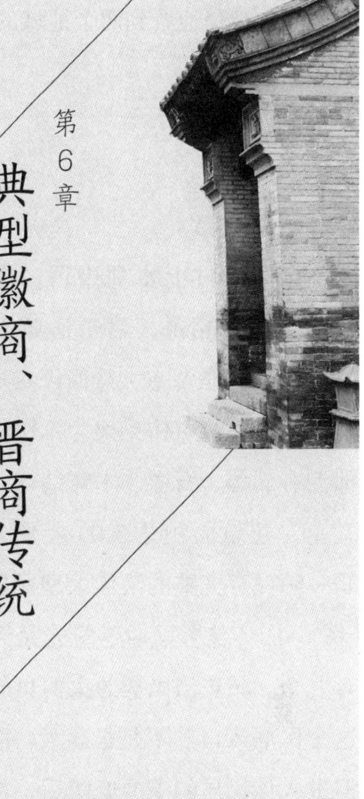

通过徽商、晋商典型民居的现存案例进行空间结构和装饰艺术的比较分析，会使我们更加清楚地看到两个地域的民居建筑的特征和基本特色构成。

6.1　徽商民居

1. 承志堂

位于宏村上水圳中段，是宏村徽商大宅的精品，建于清咸丰五年（1855年），是清末大盐商汪定贵的住宅。整栋建筑主体梁架为木结构，内部拥有砖雕、石雕、木雕装饰，富丽堂皇，建筑面积达3000余平方米，是一幢保存完整的清代大型民居建筑（图6–1）。整个民居建筑光是天井就有九个。站在该民居的大门口外面看这个民居入口并不是很高大、醒目，但进入该民居的主要庭院后，再仔细看其建筑布局可以说是气派非凡，这里不仅有内院、外院、前堂、后堂、东厢房、西厢房、书房厅、鱼塘厅、厨房、马厩、保镖房、男女佣人房等，还有专门的麻将活动室“排山阁”（图6–2），以及鸦片享用房间“吞云轩”（图6–3）。主要厅堂中间的大梁上木雕更是极尽奢华，有著名的“百子闹元宵”、“唐肃宗宴官”以及“三国演义”戏文等戏剧内容。这栋民居虽然是徽商住宅，但前堂、后堂所悬楹联，对外展示的却是一种唯有读书高的儒学文化，表达了当时主人对有品质的文化生活的向往。承志堂总体空间特点是户小堂大、外素内奢，是

图6–1　承志堂入口门罩

图6–2　承志堂厅堂

图6–3　抽鸦片的地方“吞云轩”

图 6-4　承志堂的门厅及天井

一种“低调的奢华”，值得现代市民慢慢品味。

该民居里承志堂的中门也显示了官家威仪。据说当年汪定贵在经商发财之后曾捐了个“五品同知”的官衔，有了这个荣誉之后，汪定贵便自感超越了原属的那个阶层，于是便增设了一道具有官家威严的中门（中门又称仪门，原为官署而设），一般只有在重大喜庆日子或达官贵人光临的时候才打开中门以示欢迎，而一般邻居、朋友只能从中门两侧的边门进门。

前厅横梁上雕刻有一幅“唐肃宗宴官”图，此幅木雕是在一块完整的横梁上雕刻而成。展示的是唐肃宗宴请文武百官的时候，大家在赴宴之前所进行的各种娱乐活动，弹琴、下棋、书画尽收其中，就连烧水、掏耳朵这样的细小之处也刻画得惟妙惟肖。此幅木雕有很多的人物，空间层次也很丰富，堪称木雕中的精细之作。

该民居的前厅是整幢房子中最精华的部分。在大门后面耸立着一道讲究规矩、礼仪的中门。中门的两个侧门上方都别出心裁地雕刻了一个“商”字形图案（又似倒挂的元宝，意为财源滚滚）（图 6-4），徽商汪定贵虽然通过经商发了财，而且又捐了官，但经商在传统封建社会仍是一种划分在三教九流之外的贱业，这使得主人心里非常不平衡，于是想出这种办法，意思是说从边门出入的邻居或朋友，不管你从事何种职业，到我家来，都要从我“商人”的门下过，以此获得一种心理上的平衡。在“百子闹元宵”图两边的“商”字斗栱上则还分别雕刻有四出《三国演义》的戏文（图 6-5）。

图 6-5　承志堂门厅背面的“商”字斗栱

斗栱的上方雕刻有“南、北”财神，而“南、北”财神的上方是楼上阁楼护板，在此，该民居的主人汪定贵策划布局了“渔、樵、耕、读”四根木雕立柱，分别代表了古代的四种职业。前厅的两侧横梁上也都有精美的木雕（图 6-6）。

图 6-6 承志堂的斗栱的上方雕有“南、北”财神

承志堂还有一个特色，便是它的布局营建合理、完善，进入院门，长方形的前院中，有专供停放轿子的轿廊，轿廊两侧则是护院家丁与男佣的住房，值得称道的是承志堂的外墙里侧，添加了一层木质墙板，既美观大方，与现代家居中的木墙裙相似，又可起到安全防盗的作用，因为一旦有人深夜挖墙开洞偷盗，触及木板，便会发出响声，好像警报器一样，居住在前院两廊的护院家丁和男仆就会做好抓坏人的工作。

承志堂气派很大，不同凡响，堪称徽商建筑中的优秀代表，尤其是其中的木雕作品，大多数层次繁复，并且人物众多，有的木雕表面均涂有金粉，使其看上去感觉富丽堂皇，受到专业人士及来自故宫博物院的专家的啧啧称赞，承志堂也被专家们誉为“民间故宫”，称之为木雕艺术的瑰宝。承志堂虽然不能和皇亲贵族的高宅大院相媲美，但在北京故宫也看不到这些散发着泥土气息的民居院落，它的平面布局生动灵活，依据地形地貌自由地展开，也根据住宅主人的生活与审美的需要，增设搓麻将和抽大烟的房间。而在厅堂和各个房间内，则根据自己的审美习惯，布置中堂画作与楹联，表达自己对皖南徽州的农耕与商业贸易生活和对人生的观点，从而形成了徽商民居空间自身鲜明的特色。

2. 桃李园

在黟县西递村有建于清代咸丰年间“桃李园”。宅院由一贾一儒两兄弟策划构思、营造而成，分前、中、后三进院落，前一进院是两兄弟共用的空间，二进院落为做生意的兄弟居住，三进院落为入仕者居住。这种“贾儒共居”的徽商民居反映出贾儒观念在徽州民居营造上的融合。中进院落通向后厅有一道堂墙，为了确保采光和通气。除了建造了天井外，中厅楼上还设置有一处木拱围成的“楼上井”，可谓别具一格。在桃李园第三进院落的门额上，有名家书法石刻“桃花源里人家”，字迹遒劲传神。堂屋内有花坛；也有水池，厅中两侧墙壁有十二块雕花木板，上面依次镶嵌有由康熙年间书法家黄元治草书漆雕《醉翁亭记》全文（图 6-7），显示了西递聚落的儒雅之风，显示了“醉翁”之意确是在乎山水之间也。

图 6-7　桃李园宅院里书法家黄元治草书漆雕《醉翁亭记》全文

明清时期的徽州贾儒（徽商与士子）关系一直在融合与对峙中摇摆。明朝初年丹青名士王莆赠画、撕画的故事至今仍在徽州民间流传，据说，这位著名的画师曾在一天夜里被月下箫声所打动，前往拜望吹箫人的风雅，并赠画以表心意。当得知这位风雅之人居然是经商之人时，王莆愤然取回所赠之画当场撕毁，然后潇洒地扬长而去。原因是“谁耐烦与俗贾往来，没的坏了名声”。这个故事反映出明朝初年徽商与士子关系的对立情况，当时的普遍现象是“儒高贾低”，士农工商的位序在众人心目中有不可动摇的认同感。

从明代的文学作品里，可以管窥市民生活受此观念影响的点滴片段。在居住方式上，贾儒的界限也因为“儒高贾低”客观存在的观念被划清。然而，这种“儒高贾低”的情况并没有维系很久，徽州贾儒关系的转折从两个方面得到了契机。一方面是徽州商贾主观争取的结果，明朝中叶后，商贾势力快速膨胀，商人的活动推动了徽州经济的繁荣，徽州贾儒关系也在一定程度上趋于融合；另一方面，从明朝景泰年间开始，明政府实行“纳监”政策以解决财政困难，该政策允许商贾通过缴纳一定数额的钱粮进国子监读书，出监后就可以做官，这就给徽州商贾创造了步入仕途的机会，使他们在身份上更接近儒辈。根据对现存民居建筑的考察，以及地方志、大族宗谱的记载，这段时期的民居审美特征表现出了这种贾儒关系的气氛转化，其中用于室内装饰物件的文人字画的数目增多是比较突出的变化，这可以间接反映出此时期徽州商贾与文人之间的交往较以往更为频繁。例如，歙县《辣塘黄氏宗谱》卷 5《双泉黄君行状》载：“徽商黄明芳好接斯文士，一时人望如沈石田、王太宰、唐子畏、文徵明、沈允明辈皆纳交无间。”再如，歙县《郑氏族谱》载，歙县商人郑月川“其所历吴越江淮齐鲁江右之间，虽以贾行，所至遇文人魁士，往往纳交，多为诗文以赠之。”由此可见，从明朝初年的“王莆赠画、撕画”到后来的“主动交往、赠予”，鲜明地反映出文人士大夫阶层对待徽州商贾的态度已经有了良好的转变，文人士大夫所赠字画被徽州商人视为可供炫耀的物件，悬挂于厅堂内室作为居室的装饰（图 6-8）。

图 6-8　桃李园宅院里的主屋厅堂

3. 敦仁堂

黟县西递村的大徽商叫胡贯三，当地有“一个胡贯三，半个西递村”。胡贯三一生善于经营、生活勤俭、重视儒教，是西递胡氏宗族集“商人、儒士、官员”三位一体的杰出代表。他的生意曾做到上至武汉、九江，下至芜湖、南京，中至苏杭二州，是当时江南六大首富之一。人说“商人重利益、轻别离”，但发了大财的胡贯三一生最讲究商德和修养，他主张“以诚待人，以信处事，以义取利”的商业道德，恪守着“以善为本，以和为贵，以得为基”的处世准则，走着自己信奉“以商从文，以文入仕，以仕保商”的人生旅途。他一生秉承祖先遗训，崇文尚义，造福桑梓，恤灾扶困，福及乡党，从而将西递村的经济发展推向了鼎盛。由于他乐善好施，积德行善，生前就被诰封为正四品、中宪大夫，死后不久又被朝廷诰赠为正三品、通议大夫。他的业绩为西递胡氏后裔引以为荣，其才德为子孙后辈所敬仰，至今仍为西递村里人传诵不已。

西递村的敦仁堂是胡贯三与其父胡应海两代的故居，故其民居大屋敞亮，气宇轩昂，它无处不在向民众们展示着这宅第主人当年生活的豪华和身份的显赫。建于清朝乾隆年间的追慕堂，是胡贯三为追思慕念其祖父丙培公、父亲应海公等人一生崇文尚义、乐善好施而建。追慕堂就在进入西递村那圆形拱门的不远处，大厅的正中供奉有唐太宗李世民的雕像，以示自己是李唐后裔。追慕堂与其说是胡贯三为自己的祖父和父亲所建，倒不如说是为其先祖所建（图 6–9）。厅堂两侧绘有当年太宗皇帝南征北

图 6–9　西递村追慕堂的主屋厅堂以及侧廊

战、开疆拓土的画像，坐在厅堂那长长的条几上细细地看着这里的一切，你可以感受当年这建造者的良苦用心。胡贯三曾与清代的三朝元老曹振镛是儿女亲家。西递的迪吉堂就是胡贯三当年接待其亲家曹振镛的地方，也就是因了这一个原因，迪吉堂也就被称为官厅。它建于清朝康熙年间，进入迪吉堂一连三进的宅第，一股气度端庄、古朴典雅的氛围扑面而来。

图 6-10　西递的笃谊庭

胡贯三生有三子，小儿子胡元熙曾官封三品，担任当朝杭州知府。胡贯三当年曾大力资助曹振镛的父亲曹文埴进京殿试，使得曹文埴一举蟾宫折桂，曹在仕途一直做到一品户部尚书。后其儿子曹振镛为报答胡贯三对曹家的恩德，作为三朝元老的他把自己最宠爱的女儿嫁给胡贯三的小儿子胡元熙为妻。西递的笃谊庭便是胡元熙的故居（图 6–10）。这是一座典雅精致的宅第，庭院大门为砖砌八字门楼，大门里向门亭嵌有画轴形石雕门额“枕石小筑”，让人感受到的是这对门当户对的小夫妻当年优裕富足生活的浓浓情意。

图 6-11　西递的膺福堂

胡贯三的长子胡如川，当年曾官至户部尚书，膺福堂便是他的故居（图 6–11）。这样官居要位的人物其民居宅第当然非同一般。在其高大贴墙的门楼内专设有仪门，据说此门只供达官贵人进出，一般人只能从仪门两侧出入。大厅宽敞高深，富丽堂皇，庄严肃穆，是一座典型的官第形制。是不是人一旦官居了要位就都有这等显赫荣耀的心态？膺福堂与其父辈们所居的敦仁堂所比，却少了那么多的亲和与平心静气。

图 6-12　西递的履福堂

西递胡家人丁兴旺，胡贯三有个孙子，就是胡如川之子胡积堂。西递的履福堂（图 6–12）和笃敬堂便是他先后居住的地方，他是当时一位知名的收藏家，一生酷爱读书、写诗、作画，不知何故唯独不喜欢做官。作为胡如川的长子，他是西递胡氏宗族的 26 世祖。履福堂是西递一座典型的书香宅第，同其父辈的膺福堂相比，这里倒是多了几分祥和与平静的书卷气。履福堂有楹联“几百年人家无非积德，第一等好事只是读书”以及“世上让三分天宽地阔，心田存一点子种孙耕”、“诗书朝夕，学问性天，慈孝后先，人伦乐地”，从这些楹联可以发现这宅第主人从容的心态。是不是他看透了其父辈宦海险恶的仕途，想绝去尘缘，留一生淡泊通达于此呢？

4. 笃敬堂

西递村的笃敬堂为清朝道光年间著名收藏家胡积堂的旧居。笃敬堂建于清康熙四十三年（1704年），距今已有312年。属于带天井、合院的二层楼结构。大门建有厚重的黟县青石门坊构成的门罩，上有两柱三楼的砖砌门罩（图6-13），门内建有门亭。正厅堂前高挂有彩绘祖先容像，容像上共有一男三女，最上方中央的男性，即为身着三品官服、头戴蓝宝石顶戴花翎、胸悬朝珠的胡氏祖先。其他三位妇人可根据画中位置和耳环、冠顶等装饰的不同，来判定其身份及地位，即中间左右两人为大、小夫人，下方正中为妾。

图6-13 西递的笃敬堂门罩砖雕

笃敬堂的厅堂上有其祖先胡积堂的遗像，还有一副内涵丰富、很有哲理的楹联：“读书好、营商好，效好便好；创业难、守业难，知难不难”。这是“笃敬堂”主人胡积堂的后代针对胡积堂所写对联“几百年人家无非积善，第一等好事只是读书”而唱的台戏。胡积堂想告诫后人“唯有读书高”，可他的后代却提出“读书好，营商好，效好便好”，关键是“效好”。也许在这副对联的作者看来，无论读书还是营商都不过是手段，而目的是“效”，即“效益”，不管白猫黑猫，能抓住老鼠便是好猫！胡积堂的后代公然与祖先“抬杠”。此联对仗工整，朗朗上口，更是蕴涵着丰富的人生道理，颇为深刻，把徽州人读书与经营商业贸易的艰难生活道路，以楹联的方式公开化；创业与守成的谆谆教导，晓喻以天下。一个“效好便好”和一个“知难不难”，明了醒目，虽然是普通的辩证法，却是用得恰到好处。读罢，一个被浓缩了的徽州人形象跃然纸上：认真读书，悉心经营，艰苦创业，谨慎守成。把“劝世文”贴在墙上，这也是西递村人的一大特色。对联中的文字将营商与传统社会最看重的读书相提并论，充分表白了徽商对提高自身社会地位的渴求和企盼。

徽商的审美情趣中始终传递着一种与自然相关的信息，这种自然既非单纯的道家文化所指代的自然，也非原来的儒家文化所规定的自然，而是建立在徽商较全面的文化修养与安身立命的商业生活的基础之上的自然体悟。尤其是民居空间这个载体，无论怎样地讲究排场、富丽高贵，在这些形象背后却透射出徽商对社会地位与价值取向的认知和感悟，精雕细琢与富裕小康的表象背后是内心向往自然、吉祥安康的朴素理想。

5. 卢村木雕楼

黟县的卢村紧邻世界文化遗产地宏村，位于它的北侧。被称为“徽州第一木雕楼”的卢村木雕楼是一个由七座古民居组成的木雕楼群，它们是卢氏 33 代传人卢邦燮于清道光年间所建，距今已有 180 多年的历史。卢邦燮早年经商致富，被当地人称为“卢百万”。后来他又转入仕途，先后担任奉政大夫、朝政大夫。他功成名就，先后娶妻妾六房并致儿孙满堂。于是倾其家财，为各房修建宅院，并请了徽州最好的木雕工匠，把自己对生活、对文化艺术的热情与良好追求刻入了木雕之中，成就了这座令人叹为观止的木雕楼群。木雕楼主要包括志诚堂、思齐堂、思济堂、思成堂、贤德堂、崇德堂、私塾、玻璃厅等。这里的各幢建筑独为一体，又通过暗门、巷道、过弄等交通空间相互连通，既方便各个家庭的生活，又利于家族兄弟之间的联系，此设计思路与关麓八家几乎如出一辙。

卢村木雕楼的主体大宅是志诚堂（图 6-14）。它是卢百万与大太太、二太太合住的地方，也是木雕楼装饰最精华的地方。志诚堂坐北朝南，临水而建，前有廊式拱门，两端过弄墙上均有题额。正面为“东启长春”、“西辟延秋”，背面为“钟奇”、“毓秀”。走进大门之内是庭院，在其两侧有偏厅，门楣分别题写“挹爽”、“延辉”。偏厅矮墙上有两幅砖石雕刻巧妙组合成的漏窗。漏窗的中部为石雕构件，雕刻着草龙祥云图案，其四周全为砖雕构件围护。厅堂正门门首是青石贴墙而砌筑的门枋，整个雕刻

图 6-14　卢村木雕楼里志诚堂的厅堂

图案威武庄严、坚实富贵。上层是四只石雕夔龙图案，中间两只作昂首前跃状，两侧的夔龙则斜身作盘旋跃动状，构图十分赋有动感与韵律。中间是一幅长轴式吉祥图，自西往东依次雕刻着荷叶托莲花、鸳鸯戏水、凤鸣牡丹、松鹤延年、喜鹊登场，分别寓意为“连（莲）多生子”、“夫妇合”、“宝贵长”、“年寿高”、“喜事多”。这些木雕刻里战事图的雕刻，富有时代特色。卢邦燮经历了鸦片战争和太平天国运动两次重大的历史事件，甚至他本人也可能直接参与了战争。战事图反映的有水战、有山地战、有阵地战，雕刻工艺精细入微，景物逼真，人物生动，是一件不可多得的艺术珍品。门枋上的图案的中心是人物，共有18个人物形态。主人公居中，极尽潇洒之态，两侧就是扛罗伞、拿战旗的文武官员，同样是卢邦燮社会地位的真实反映。人物两边分别配有松柏长青和喜鹊登梅图案。另外，在卢村的志诚堂中还有《九老仙鹿图》、《竹林七贤图》以及八仙、苏武牧羊、羲之戏鹅、太公钓鱼、伯牙弹琴、太白醉酒等雕刻图案。雕刻技法采用浅雕、深雕、镂空雕等多种，深雕多达六七个层次的空间。志承堂雕刻技艺精湛，图案栩栩如生，仿佛就是一座雕刻艺术的博物馆，折射出古代徽州建筑及装饰工匠艺人娴熟的技巧和超凡的智慧。

图6-15　卢村木雕楼里志诚堂精美绝伦的木雕

正厅的木雕是志诚堂的精华。环顾四周，厅堂的板壁、天井四周的莲花厅和梁柱、梁托、厢房的门窗、二楼的栏板都被琳琅满目、精美细腻的木雕所包围（图6-15、图6-16）。

天井外的四个檐角上各写着一个字，自右下角向左转一周分别为“福”、“自”、“天”、“申”，以示楼主对苍天庇佑、降临福泽的感谢之情。雕刻精美的雀替，讲的都是八仙的故事。

这个门楼颇为讲究。最上方的四个小方块雕刻的是形态各异的四条魁龙，喻示着楼主官达四品、卢氏家族飞黄腾达。第

图 6-16　卢村木雕楼里志诚堂的木雕梁托

二排是用黟县青大理石镂空雕刻的“吉祥图”，内容从左到右分别是“喜鹊闹梅”、“松鹤延年”、“凤鸣牡丹”、“鸳鸯戏水”和“荷呈莲籽”，分别寓意着“喜事多”、“年寿高”、“宝贵长”、“夫妇合”、“连（莲）多生子”。第三排图案描绘的是城下城上的攻与守。第四排的雕的是“履祥图”，旌旗飘飘，战马长鸣，城门洞开，将帅与士兵喜庆一团，既像是欢庆胜利，又好似徽商荣归故里，人物鲜明生动，可惜很多木雕头像的面部在“文革”破四旧的时候给铲去了。最下方左右两边共雕刻着四只大小狮子，寓意龙狮把门，牢不可破。聪明的徽州人，将历史从复杂的文字形式转化成了这些能让人一目了然的立体形式，不但起到了宣传、教化的作用，而且烘托了建筑雕塑的文化气氛。通过这些密集分布的窗扇木雕，也展示了主人的审美情趣和强大的经济实力与财富。

卢村的思济堂又叫官厅（图 6–17），非常大气，并且与宏村承志堂的建筑风格十

图 6-17　卢村木雕楼里的思济堂

分相似。据说承志堂还是仿照官厅而建，因为官厅比它早建50多年。玻璃厅却是一座中西合璧的建筑。房主卢百万经商时出使德国，后来就按照德国的风格建了这所宅子，所以我们今天可以看到，这里的玻璃也是从遥远的德国进口来的。

6.2 晋商的大院民居

山西商人在封建社会中地位等级虽然低下，但他们经济实力强，生活殷实，所建住宅也较之平常百姓更加精良。更有一些商人通过捐输的手段获取官职，建筑的建造摆脱了制度对庶民的束缚，等级有所提高。尤其是晋商，不仅具有资本，获得了声誉和地位，某些还享有一定的政治权利，他们的宅第也因具有后两个分类层次的特征而备受关注。住宅主人的性质与地位决定了住宅的规模与形制，因此晋商这个特殊群体以及他们经商的范围也成为研究所必需关注的对象，这就少不了要对晋商从社会文化领域进行深入了解。

晋商居住建筑是一个完整、成熟、独立的文化体系。历史悠久的晋商文化影响下产生的居住建筑，也遍布三晋大地。它们分布在晋南的平陆、万荣、襄汾、临汾，晋东南的阳城、沁水、晋城，晋中的灵石、太谷、平遥、祁县、榆次，晋西北的保德、定襄、塑州、怀仁、大同等地。这些地域由于地理状况、自然环境的差异，导致当地人们的生活状况也产生了很大的不同。山西有句民谚“欢欢喜喜汾河湾，哭哭啼啼吕梁山，凑凑乎乎晋东南，死也不去雁门关”，就是对这种差异生动的描述。在商业文化这个大范围之下，山西地区的商人住宅在整体文化特色上具有一定的趋同性，但是由于地域上的显著差异，又导致了这些商人住宅在形态上表现出多样性。晋商创造了辉煌灿烂的商业文化，其物质载体表现在建造以血缘关系为纽带的居住建筑，以业缘关系为契机形成的商业城镇，以地缘关系为组织的晋商会馆，以及促进当地戏剧文化繁荣的戏台建筑，祭祀崇拜关公的关帝庙，甚至一个城市的营造、兴盛与繁荣都离不开这些商人的慷慨解囊。这些晋商建筑从不同侧面记录了当时的社会、经济、文化及民俗信息，反映出晋商这一特殊群体的生活与生产内容。

晋商民居的突出代表为大院民居，大院民居的典型代表有王家大院、乔家大院、常家大院、曹家大院、渠家大院及平遥城里的商铺、作坊民居等，其区域划分见图6–18。

6.2.1 大院民居

晋中大院民居是明清时期晋中商人经商发迹后，在家乡营建的大型居住建筑。大院民

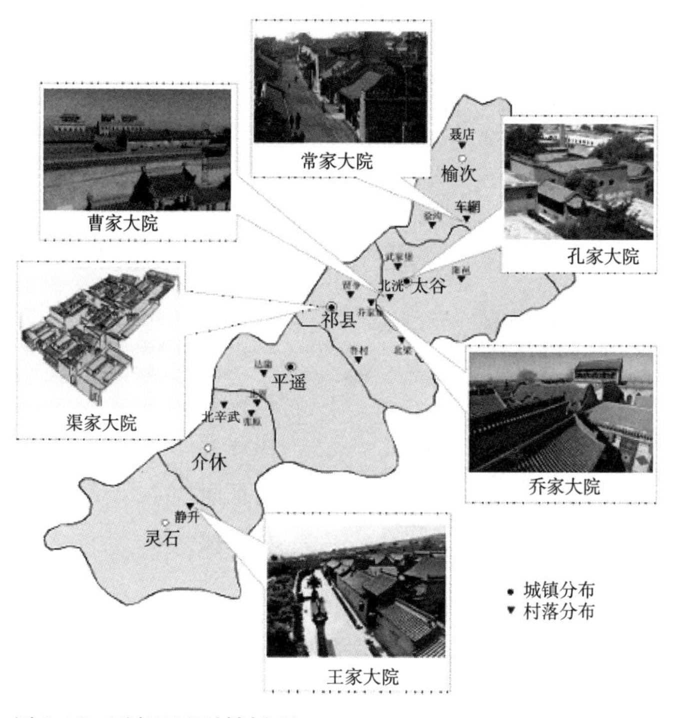

图 6-18　晋商民居区域划分图

居在山西晋中地区尤为集中，它既是封建社会后期政治、经济、文化发展的产物，也是明清两代特别是清代以来山西商民巨额财富积累的外在表现。位于黄土高原的传统地域建筑——窑洞，对晋中大院民居的建筑形式产生了影响，无论在形象特征还是营造方法方面都留有深刻的印记，这也是当地特殊地理气候条件在建筑上的反映。广为大家熟知的特定对象是六大院，从北向南依次为：榆次区车辋村常家大院、太谷县城上关巷孔家大院、太谷县北洸村曹家大院、祁县乔家堡村乔家大院、祁县县城东大街渠家大院以及灵石县静升村王家大院。这六院规模宏大，由多进院落并联组成，都是研究晋中商人住宅的典例。

1. 王家大院

位于现在山西省灵石县静升古镇区。静升古镇原为静升村，位于灵石老城城东 12 km 处，是明清时期繁盛的古聚落。因为村庄里的地形地貌具有山地、坡地、平原等多种形态，所以聚落中存在由窑洞、四合院等多种建筑类型组合而成的王家大院。

山西省灵石县自古为军事要地，故静升村的民居院落均以“堡”称。据记载王氏宗族的先人于元代皇庆年间定居于静升村，直到明代才真正出现家族兴旺，为此建造若干“堡子”，并与其他各姓的“堡子”一起形成完整的堡子群。静升村内的王家大院的用地与建筑空间规模十分庞大，是中国古代北方院落式住宅的典型代表，现在有北方的“民间故宫”的美誉。据称鼎盛时期建筑面积达 15 万 m^2，有“三巷、四堡、五祠堂”之称，后来因为战乱，堡内大部分的城墙坍塌毁弃，直到改革开放，搞活旅游经济，这些堡内的城墙才得到了修复。现存的有东西两处大院：东堡院，名高家崖 (或视履堡)；西堡院，名红门堡 (或恒贞堡)，从总体上讲都是根据黄土丘陵依山坡地势而修建的形态。高家崖建筑群建于嘉庆初年至嘉庆十六年间，为全封闭式的空间结构形态，占地 19572 m^2，共有 35 座院落，342 间房屋；红门堡建筑群建于乾隆四年至乾隆五十八年间，占地 25000 m^2，东西宽 139 m，南北长 180 m，共有 88 座院落，776 间房屋。王家大院高耸的堡墙为全族人提供了安全保护，使得王家大院内部成为一个与世隔绝的天地，大院可以看作城堡的缩影。现存部分虽然和鼎盛时期有些差别，但规模依然十分庞大。

图 6-19　王家大院局部鸟瞰

西堡院是一处空间结构十分规则的城堡式封闭型住宅群空间。俯视西堡院，其平面呈十分规则的矩形。主街将西堡院划为东、西两大区，东西方向有三条横巷，横巷把西大院分为南北四排（图 6-19）。一条纵街和三条横巷相交，正好组成一个很大的“王”字，从而明显地表达出这是一个王姓的大院城堡。红门堡整体沿坡而上，规模庞大，气势恢宏。堡院围墙高达 10 m 有余，上部宽阔，可供大院内的家丁巡逻，大院南向中轴线上开有一道堡门。据当地居民讲，由此门至堡院东南的怀远堂间原来建有另外两道堡门，此堡防御体系之严密可见一斑。堡院被横向的道路体系分割，各部分宅院虽建于坡地之上，但院内均通过场地的切削而各自找平，除个别院落形成台地院落外，一般都没有大的高差。总体看来，堡院与宅院间呈现了沿坡而上与局部找平的混合布局形态，整个王家大院的堡院在某种程度上可以被看做一个放大的台院。东堡院的体量比之西堡院较为逊色，但其空间形态却是别具一格。它在民居建筑空间形态上属于整体找平，仅最北向横列的四座窑院顺应地形而逐渐上升，大院的堡院在北向形成围合形态的空间，其余三向均是高耸的墙垣。鸟瞰东堡院，是由三个大小不同的矩形院落组成：中部是两座主院和北围院，自东向西分别为敦厚、凝瑞二宅及桂馨书院；东北部是俗称“柏树院”的小型偏院；西南部是大型偏院。主院前的大通道全部用青石铺成（图 6-20）。大通道的南面是高高的砖砌花墙，东北角及南向各有一门可供出入，最后在桂馨书院的跨院中尚有一暗道可直通堡外。东堡院主体建筑是两座三进四合院，院门前都有高大的照壁、上马石、旗杆石、石狮、石台阶等。王家大院的整个东堡院建筑规模宏大，结构严谨。东堡

图 6-20　王家大院局部立面效果

院乃居家之所，而非聚族活动之处，因而空间组织较西堡院灵活，各类附属设施也较为完善，但其突出的防御特征与后者并无太大差别。

在晋商大院中，乔家大院和王家大院空间布局与院落组织的理念基本相同，只不过乔家大院的用地属于平地。乔家大院完全是城堡式的建筑，整座大院布局同样讲究方正和稳定，结构呈“囍”字形，总平面布局利用地势之优，规则整齐，显示出严格等级的礼教思想。在选址和建设上也体现出强烈的防御性和安全性，同时表现出“尊卑有序、等级分明”的传统儒家礼仪道德与思想，成为晋商大院的又一代表力作，与王家大院相得益彰。

2. 乔家大院

乔家大院位于山西省祁县乔家堡村，它又名“在中堂”。属于国家5A级景区，国家级文物保护单位，是一座具有北方汉族传统民居建筑风格的传统民居建筑群。乔家是当地著名的富商，而且其第五代传人乔景俨就曾经捐官至二品，因此从建筑结构和外观上看，乔家大院兼容了官僚府第的气派和富商巨贾奢华的气象。表现在建筑空间上，就是它远远突破了明清两代严格限定的“庶民庐舍不逾三间五架，禁用斗栱、彩色”的规定，把封建政权赋予其在建筑上的等级特权和商人腰缠万贯的经济实力表现得淋漓尽致，虽然逾越祖制，但在民间社会悄悄地营建，没有人告发，作为优秀的建筑空间遗产其就一直保留至今了。

1）乔家大院建筑结构和造型

乔家大院民居的大门：倒座上嵌门罩结构，面阔三间，南部院落为一间，建筑的明间辟门，次间施翼墙，明柱内嵌门框，施两扇版门，漆黑色。上槛均匀施四路狮面

图 6-21　乔家大院局部鸟瞰及二门

门替，柱头间施额枋和平板枋，上置平身科和柱头科斗栱，斗栱为三踩或五踩，翘昂并用，挑尖梁头承檐檩，上面钉椽飞，灰布筒板瓦屋面。建筑檐下木构件施以彩绘，构图参照苏式彩画，大量使用沥粉贴金。在建筑装饰中由于金箔纯度高、贴金面积大，给民众一种金碧辉煌的感觉。由于大门历来是宅院主人显示其社会、经济地位的标志，因此通过对大院的大门的结构、工艺、装饰的美学价值追求，同时也就向大众昭示出其门第的尊贵和富有。

乔家大院民居的二门：是进入内宅的标志。建筑规模和形制略逊大门一筹。其中1、2 号院为两层倒座上出厦结构，面宽一间，台基上置明柱，柱底础石古镜式，柱头间施额枋和雕花雀替，上置斗栱，五踩双昂，翼角翘起，屋顶歇山结构。南部 4、6 号院二门随墙设，只用砖雕做出线脚和屋檐结构，简洁明快（图 6-21）。

乔家大院民居的过厅：仅 1、2 号院设过厅。过厅亦即厅堂，是传统宅院民居建筑中规格较高的建筑。《明史 · 舆服志》里明确规定了厅堂不同的结构等级以及运用的范围。因此，在乔家大院里，厅堂不仅在功能上起到了客厅和过厅的接待功能，而且也是表明主人身份、地位的一种建筑符号。表现在建筑木结构上，它采用了五间八架梁前后出厦结构系统，明确地表达出主人二品官员的身份。

乔家大院民居的明楼：1、2 号院正北面设明楼，面阔五间，二层楼结构。入口施雕饰繁复的门罩，以突出明楼的主导地位。2 号院明楼二层上设前部檐廊，廊柱间施砖雕花栏墙确保家人或客人的安全，柱头间施雕花雀替，斗栱属于三踩，檐下木构件施以彩绘，外部属双坡硬山顶结构形态（图 6-22）。

乔家大院民居的厢房：按照祁县一带的民俗，厢房一般做主人的卧室，而正房多用作供神位和接待宾客。乔家大院厢房为三开间或五开间，单坡硬山的屋顶。虽然室内空间不大，但室内陈设的炕几、被阁、大柜、顶柜、扣箱等一整套炕式组合家具，

图 6-22　乔家大院 2 号院正北向的明楼

将室内有限的空间进行了充分利用，给人以温馨、典雅的空间环境审美情趣。

乔家大院民居的祠堂：由于祖先崇拜是宗法社会的主要信仰，尊祖祭祖是当时家族安身立命的根本观念，因此人们对于营造祖先的祠堂是非常重视的。基于乔氏家族显赫的门第和四世同堂的格局，同寻常百姓在堂屋供奉祖先不同，乔家大院在西边的尽头专门营造了祠堂，供奉祖先牌位。祠堂面阔三小间，台明前置“寿字形”石栏板，前檐施廊柱，柱间施以雕花雀替来装饰，内容为“玉树交柯、兰馨桂馥、藤萝绕松”等吉祥图案，檐下施三踩斗栱和寿字拱眼板，前檐上面悬挂了李鸿章题书的“仁周义溥”牌匾，彩绘则用黄黑两种颜色为基调，给人一种肃穆、庄重的感觉。

乔家大院民居的影壁：按照风水学说的习惯，大门应该是整个大院的气口，为避免不良的煞气直冲内院住宅，所以在大门的入口处要修筑影壁，作为屏障。乔家大院的影壁分为两种类型（图 6–23）：一种类型为影壁与土地祭祠合一型，即在砖雕影壁中央镶嵌土地神龛，内设土地爷神像或牌位，神龛四周策划建造须弥山与九鹿四狮图案雕饰，喻九鹿通顺、四时如意，檐下装饰砖雕“福德祠”匾额，两侧楹联有“职司土府神明远；位到中宫德泽长”，反映了晋中祁县一带大众民俗中对土地爷的特殊崇拜和情感。另一种类型为装饰型，装饰着百寿图或道德文字，4 号院影壁前还增设雕花门罩，毫无疑问，这种类型的布局方法更偏重于影壁空间环境的审美艺术效果。

图 6-23　乔家大院的影壁

2）乔家大院建筑的空间组合

晋商乔家大院里建筑组合总体上追求一种秩序井然的空间序列。以 1、2 号院为实例，从大院里大门、影壁、二门、过厅到正楼都运用突出主体建筑体量或重点装饰的手法，院落的地平面标高逐渐上升，相应地倒座和明楼遥相呼应，并最终将建筑形态的高潮布局在正院明楼之上。这种空间组合序列的处理手法，明显地具有轴线连通、左右对称、内外有别的空间序列和节奏，形成了一种符合封建社会道德礼制的居住环境。同时，在偏院和单体建筑的处理上又进行灵活设计的装饰营造。例如，偏院布局有四合院、三合院甚至不规则形庭院，由于偏院的房屋高度较低，这些庭院较主院狭长的空间更为方正和宽敞一些，还有装修比较高档的作为子女结婚的洞房（图 6-24）。单体建筑造型也力求丰富与多样，除了大量使用雕花门罩外，建筑屋顶有单坡、双坡以及前后屋檐出厦结构，其中双坡屋顶又有硬山和卷棚之分，单坡有平顶、斜坡和罗锅屋顶形态之别，从而丰富了建筑物的外部形态和屋顶的轮廓线。

乔家大院在院外街道上给人以高墙深院的封闭态势，在内部空间组合上表现出秩序井然的空间组合，显示出儒家思想“修身、齐家、治国、平天下”的传统思想与观念。另一方面，通过山水园林模仿自然的情趣和自然质朴的装饰题材，反映出道家出世洞达、清静致远的退避思想（图 6-25）。同时，在这两种思想之外，从建筑的一些

图 6-24　乔家大院洞房图景

图 6-25　乔家大院匾额及门口石狮

细部装饰看，它还具有追求开放性的一面，例如第六院的窗户已经摒弃了传统的式样，引进了西洋式的雕沟装饰，并注意到了采光效果。这是他们的后代根据当时的建筑材料条件而有机更新替换的，也反映了晋中大院空间文化的变迁，“建筑彩画出现了火车、西洋钟表、车站等近代辛亥革命以来输入的新鲜事物，厕所改用‘洋茅厕’等，这在一定程度上反映出建筑兼收并蓄的文化视野”。

3. 常家大院

自从电视剧《大红灯笼高高挂》、《乔家大院》热播以来，中国的老百姓就都知道了山西有个乔家大院。其实，坐落在晋中榆次的常家大院才刚刚走入我们的视野，常家庄园的占地规模、房屋建筑面积也为三晋民居建筑之首，即使是现在修复的12万m^2宅地，也只占原来的四分之一，比乔家大院面积大七八倍，有谚曰：“乔家一个院，常家两条街”。其实《乔家大院》的大部分镜头都是在晋中榆次的常家大院拍摄的。

常家大院位于榆次西南方向的东阳镇车辋村，距榆次17.5 km。车辋由四个小自然村组成，四寨中心建一大寺，与四寨相距各半华里，形成一个车辐状，故名“车辋”村。车辋村常氏始祖常仲林于明代弘治初年，由太谷县惠安迁到此地为人牧羊，到清康熙、乾隆年间，七世祖常进全已开始加入经商的队伍，八世祖常威率九世祖万已、万达，从事晋商的商业活动，获得的赢利颇丰，逐渐使常氏成为晋中的大家望族，也成为晋商中的一支劲旅，他们的族人开始大规模地营造大院住宅建筑。常万已在车辋村建“南祠堂”，立“世荣堂”，以村西南为轴心，大院民居向东、向南发展；常万达在村北建“北祠堂”，立“世和堂”，由东向西毗连修建，成一条新的街道，俗称为“后街”。从清康熙年间到光绪末年，经过200余年的修筑营建，常氏在车辋村整整建起了南北与东西向的两条大街。街两侧形成深宅大院，鳞次栉比，楼台亭阁，相映生辉，雕梁画栋，蔚为壮观。共占地100余亩，楼房有40余幢，房屋1500余间，也使得原先的四个自然村连成了一片。常氏家族以儒商文化独树一帜，既有进士、举人、秀才等类型的人才，又不乏书画名家，所以在宅第建筑上亦有自己独具一格的建筑形态和风貌，是晋中的曹家大院、乔家大院、渠家大院等晋商大院望尘莫及的。从布局上看，主体建筑以稳定、结实、方正的庭院为主体，每个正院均分内外两进，外院的朝南向房屋倒座一律临街，东侧营建着各式门楼。前院有东西厢房各五间，正北则有一处倒座的南房，正中设垂花门。里院则呈长方形，庭院宽敞，充满阳光的照射，约为外院的一倍，上房与南房呈现着对称的状态，东西向各有厢房十、九、八间不等。譬如上房、南房各达八间时，便按“正五偏三”的模式，隔出各个偏院，从不越“方正”之规与“等级”之矩，充分显示了名门望族的规矩与道德伦理秩序。但是他们的附属建筑却又充分显示了南国园林建筑的“灵秀”，使“方正”的空间格局中浸透了“绮丽”色彩。常家大院的绮丽，主要展示在三个方面：首先，是每所方正的民居院落的里院正中间都建有一座木结构的牌楼（图6–26），有飞檐斗栱，并且显得小巧玲珑。牌楼两侧各有砖雕花墙，宛如镶嵌宝石的扎带，使方正雄浑的北

图 6-26　常家大院的木结构的牌楼

方庭院增添了画龙点睛般的南国园林绿化空间。这牌楼花墙将正院隔为“里五外五，里五外四，里五外三”的多种空间形态，具有一些独特风格。其次，是院落之间与院落的后面，大多建有花园、菜园，有小门与正院相连通。在进入院子里的园林之后，有甬道贯通，曲折迂回其间，并且点缀着回廊、亭榭、小桥流水，或草石农舍，或奇花异葩，匠心独具，仿佛南方园林。第三个方面，是在每个院落中都能显而易见的砖雕、木雕、石雕和木构件上的彩绘装饰艺术，会使人流连忘返。

常家大院里的装饰砖雕艺术表现在四个方面：一是房屋建筑屋脊上的吻兽和雕花护脊，造型优美，线条流畅，刀法工艺细腻，均为清代的砖雕精品。二是院内的照壁、花墙砖雕，既有传统的“百寿图”、“吉祥图”以及佛道故事，又有花卉鸟兽和干、鲜果品等具有浓厚地方特色主题的砖雕艺术。三是院落内每排厢房的“硬山墙”上端的“墀头”或花，或鸟，或兽，或字，两两成对，却很少雷同，造型又各具特色。四是现存的部分砖雕护栏，在“贵和堂”的楼层护栏上，这些构件全部由砖雕而砌成，图案由福、寿、禧、禄、祯、祥团花和八卦炉、悬壶、文房四宝等组成，栏柱、栏板浑然一体，一方面反映了当时工匠的辛勤劳动和艺术创造，而这些遗存的构件犹如天然而成，丝毫不见砌缝，无论是雕刻艺术，还是牌匾艺术（图 6–27）、垒砌艺术，都堪称清代建筑中的上乘工艺。另一部分的雕刻的装饰构件在养和堂，现在还

图 6-27　常家大院的碑石与门上牌匾

图 6-28　常家大院的园林——静园

保存完好，但雕刻技艺不及前者。

常家大院和晋商的其他大院相比，其特殊之处在于有一处占地 120 余亩的“静园”（图 6–28）。它初建于清朝的乾隆、嘉庆年间，完成于光绪初年，那时正值我国园林艺术发展的高峰时期。由于常家主人常年经商，走南闯北、见多识广，在造园时融入了当时的南北地域文化风情，使“静园”形成融北方质朴大方与南派小巧细腻于一体的特色。“静园”的建造遵循园林中的模山范水、叠山理水的原则，再现出自然式的风景园林，以水池为中心，顺应自然之理，构以水的源头，辅以水湾、溪涧等，并配合各种树木花草、山石亭榭形成如画的风景。静园的山体主要指“观稼山”，水体指“昭余湖”，山体支起了静园的立体空间，水体铺展了静园的平面疆域，两者互为依存，相得益彰，成为形成全园整体格局、气脉贯通的纽带。“观稼山”的雄厚、大气、巍峨给人以静态美，

“昭余湖”的曲折舒缓给人以动态美，使人们感受到，观之不足，品之有味，游之可乐。

常家大院的静园的建造者在水体的处理上，注意有聚有散，聚散适宜。聚水则辽阔，开敞明朗。散水则断续相间，宽窄自如，又构成幽曲的风景。水体由三部分组成，主次分明，曲折有致。水面通过设置的河堤等组织空间，增加了空间层次，丰富了园林水景的景色。湖岸池壁的处理也自成体系，沿湖布石，一来可以护岸，二来也装饰了湖岸的自然曲线。结合叠山理水艺术，创造了自然山石的驳岸、石矶、坪台等富有特色的池岸景观环境，虽然纯系人工叠石堆砌而成，却宛如天然形成。还有就是园中创造的潭、溪等自然水体，也极大地丰富了远处的景观风貌环境。

常家大院的“水随山转，山因水活”，观稼山占据静园西北隅方圆十四亩，由厚实的沃土隆起而成，具有晋中一带的黄土高原丘陵结构特色，它不同于江南苏州、杭州一带的灵巧、秀丽，而以平缓、浑厚见长。全山均被乔灌草所覆盖，四季各有不同，形成“春见山容，夏见山气，秋见山情，冬见山骨”的景象，宛如郭熙《山水画论》里描写的景观风貌。中国历史上的叠山最初是采用土壤的，唐代之后逐渐代之以石块。常家大院叠山的石壁与岸畔、林间点缀的石头几乎全部出自太行山大峡谷中经过千万年山洪冲刷的巨石，这种巨石的色泽呈青色，间夹有黄、白、青、蓝等像虎纹豹斑的杂纹，称之为虎皮石。“它错落有致地点缀于静园山水间，给人变幻顷刻、似续还断的奇观”。

4. 曹家大院

山西太谷最富有的晋商大户曹姓家族并不住在县城，而是居住在距离太谷县城西南 5 km 处的北洸村（图 6–29）。北洸村面积不大，村落北部的三座并排高耸的“三多堂”主楼使它超越了一般聚落的意义。这里的聚落选址地势平坦，无山可依，无水可用，仅有远处的太行山脉横贯在东南方向。关于聚落的选址，在中国传统的风水学说里山并不是一种理想的布局模式，但曹氏家族在此选址建宅，则是通过雄厚的财力以及精心的布局构思把周围的环境尽量营造成为风水宝地。曹家在北洸村的北部建起五贵堂、怀义堂、福善堂和三多堂，并赋予“福”、“禄”、“寿”、“禧”不同意趣，各处院落相互组合连通。曹家大院民居外观高峻挺拔，形若城堡，构成一个宏大的建筑空间群。至今北洸村内还残留有不少破损的大院遗迹，其中“寿”字形的三多堂是至今为止保存最为完整的建筑，也就是现在的曹家大院的主体建筑。

站在曹家大院的南边，向北面望去是一堵长 66 m、高 17 m，联袂一体、无门无窗的厚实牢固的砖石高墙，并与东面、西面、南面的高墙合围成一防御性极强的家族宅院式的坚实城堡。除了两侧的通道门外，平日仅留南面的两座大门供人们出入大院。这两座大门分别用作人行与车行，两座大门全为拱形，并装饰有华丽的飞檐挑角门楼和长约 30 m 的斗栱廊檐，与太谷城乡的大户人家一圆拱一长方的大门格局截然

图 6-29　曹家大院远观

不同。每逢过年过节、迎接外来的宾客时，12 盏大红宫灯悬挂成排，营造出来的气派和热闹的场景的确是难以比拟的。

再者是曹家大院的策划布局将整座大院分成北、南，内、外两大部分，横贯东西的是宽约 4.5 m 的石铺通道。辅道为外宅的药铺、账房、厨房、客房院、书房、戏台院、正门院、东门院等的梯儿房四合院组成。而通道北面是曹家的内宅，一字排开又相互关联的三座穿堂深宅楼院。通道临街带更楼的拱形东门叫“吉利门”，只在女儿回娘家、丫头出嫁、发殡时才开启使用，后来曾一度成为专供曹家小汽车出入的“小汽车门”。通道西门为长方形门，上设神祖阁，下面连通西花园。有趣的是此条通道东低西高，而两侧房屋的墙壁却是东高西低，讲究的是风水上的“青龙压白虎”以及“东为上为阳、西为下为阴”之说。

曹家大院的“三多堂”里有三座穿堂相连通的深宅大楼院（图 6-30），建于清朝初年却仍具明代的建筑风范。不仅各院的大门门楼装饰厚重大气，内院也弃用晋商常用的二进四合院的“外三里五”，营建为“内外均五”，因为各个院落的院庭显得颇为宽绰，加之适当的彩绘图饰、砖木雕饰，使人入院即有敞亮、悦目的舒适感。“三多堂”的建筑高达数层，结构严谨、稳重，高高砌筑的基座的主楼则让人感到家族等

图 6-30　曹家大院的三多堂内院

级的森严和曹家财大气粗的经济实力。当然，为了消解和减轻主楼和倒座楼的高大厚重、呆板单调和有利于通风、采光的建筑物理功能，曹家大院也特地在各面墙体上构筑了形式和装饰各不相同的门楼（图 6-31）。最讲究的要数各院的过厅，因为它是过去用来炫耀主人身份和地位的地方。曹家大院的过厅是按明清时期朝廷一、二品官员的厅堂建筑规格修建的，表现出“五间九架”和“五间八架”的主体木结构空间，且破格方砖墁地、大梁滚金、雕梁画栋、堆金沥粉地，装饰极其隆重不凡，某种程度上也是逾越封建礼制的，就连三座主楼上的亭榭，也被用来校正主院的风水，据说远看像是顺序排列的猪、牛、羊三种祭祠牺口，正缓缓朝东躬身礼拜。

从以上这些对曹家大院的建筑空间及结构与装饰艺术的分析，可以看到：曹氏家族花费巨资从东岳山麓将水引致北洸村的乌马河，形成“南水环抱如弓”的格局。面对北部无山可依的不佳环境，巧妙地在住宅的大院北部修建高楼营造高大的气势，并且高楼上建造具有类似于猪、牛、羊艺术造型的亭子，取意祭祀上天的牺牲品，来求得上天的赐福。“北洸村东边有北沙河，南面远处有依稀可见的凤凰山，大院周边低矮的民居和庄稼地零落相连，方圆不过一二里，极大地满足了当时人们聚居的心理愿望。”

图 6-31　曹家大院三多堂入口

5.　渠家大院

渠氏的祖先渠济是在明朝洪武初年，迁居来祁县的。清末民初的时候，渠氏后裔渠源潮、渠源浈等著名的商业金融资本家在经营商业获得丰厚利润后，投资民族工商业，成为山西省的第一个民族工业资本家。在反帝爱国、保晋争矿运动中发挥了重大作用，影响深远。山西渠家大院是渠氏众多房产之一，整座大院由青石材料奠基，水磨砖块砌墙，青砖铺地。院内建筑空间布局合理，明楼、统楼错落有致，主院与偏院层次分明，楼层屋顶有悬山顶、歇山顶、硬山顶、卷棚顶多种，形态各异（图 6-32、图 6-33）。院子与院子之间有牌楼、过厅相隔，建筑的抱厦、屏门点缀其间，生动活泼，空间有趣。室内外的建筑构件与雕塑彩绘华丽，金碧辉煌。砖雕的诗文随处可见，空间文化氛围浓厚。木雕、石雕、砖雕艺术更是俯拾皆是，花鸟鱼虫、人物神话题材广泛，渠家大院的建筑装饰寓意祥和深远，刀法精良，甚至连每个门墩、石础、门石都有主题图形与图案，无不精雕细刻（图 6-34、图 6-35）。是不可多得的建筑装饰精品，现在渠家大院的建筑为山西省重点文物保护单位。

渠家大院始建于清乾隆年间，总占地面积 5300 m^2，总建筑面积 3200 m^2，为全国罕见的“五进式穿堂院”。分 8 个大院，内含 19 个小院，房屋共 240 间。外观为城堡式，墙头有垛口式女墙，是为了安全防卫家族生活空间的需要。宽敞高大的阶进式拱形大门，门顶能眺望建筑空间的壮观与巍峨。整座大院空间布局联系紧密、形态错

图 6-32　渠家大院的五进院大门——门楼

图 6-33　渠家大院的明楼院

图 6-34 渠家大院的长裕川茶庄博物馆——气势磅礴的大石雕

图 6-35 渠家大院的门石

图 6-36 渠家大院的鹿鹤同春砖雕

落有致：一个院子为汉白玉石雕栏杆，玲珑剔透，工艺精湛，主题装饰图案鱼虫花鸟、人物等栩栩如生。正房檐前悬挂整块木料雕成的荷叶牌匾，为“若虚斋”，形式奇特，别具一格。右侧为五进的院子，庭院深深，整个建筑长度约百米。屏风过庭及石雕方形门、月亮门点缀其间，建筑空间层次分明，有隐有现，活泼有趣。三院倒座为两层“三间明楼”，与五院的正房明楼遥遥相对，整齐划一。渠家大院的东房前为长 20 m 的镂空砖雕，整个建筑构件气势不凡（图 6-36）。

渠家大院的主院为二进式牌楼院，一座 10 余米高的十一踩的木制牌楼高耸其间，这些建筑设计精巧，观之肃然，为不可多得的佳品。建筑正房抱厦高大威严，二楼为歇山顶的明楼，高约 20 m。前檐走廊矗立布局了通天明柱，上挂匾额与对联，走廊两端为砖雕诗文，这些所营造的空间文化氛围浓厚。主院南面为戏台院子，戏台的位子坐南朝北。面阔五间，中间三间较大，前有凸出式的卷棚顶抱厦，形成近 20 m^2 的戏台。东西厢房建筑门面镶嵌有木制的槅扇，将槅扇卸除，便成为包厢看台，这是我们传统建筑空间工匠的智慧创造。主院西侧有一条青砖铺砌的甬道，将南北四个院落空间一分为二。北面为两个闷房统楼院，与主院明楼院子形成鲜明对照。南面为小四合院，这个小四合院小巧玲珑，曲径通幽（图 6-37 ~ 图 6-39）。

图 6-37　渠家大院的养心斋

图 6-38　渠家大院的屋顶形态

图 6-39　渠家大院的庭院

6.2.2 山西平遥的商铺民居

山西平遥的市集街道和居住空间构成了复合型功能的商铺民居。平遥的市集街道作为外向的流动性的线型空间，充满活力和生活气息；居住空间则需要的是一个安静、私密性强的生活环境。这样为了解决这两个方面的矛盾，市民们将店铺进行有效的改造和功能变化，店铺民居的形态就应运而生了（图 6-40）。

在山西平遥和安徽屯溪的商业街道里都出现了“前店后居、下店上居”的建筑形态。

这里的人们将自己经营的店铺设置在市集街道的两侧，将安逸的居住空间安置在离开街道的一定距离处，闹中取静，这就是“前店后居”形式，如图 6-40 所示。在南方徽州屯溪老街里的徽商采用了类似的布局形式，为“下店上居”形式，这是由于这里的商业街用地非常紧张的缘故。在山西传统观念中一般不采用二层式，通常二层为阁楼，是储藏杂物和粮食的空间。并且北方一直采用四合院形式，楼房很少。因而“前店后居”的形式成为山西晋中集镇建筑的主流。像平遥古城的明清一条街、南大街、北大街等，都是在商业街道的两侧布置了商铺，将晋商主人民居卧室用房的倒座作为了店铺。

晋商的商铺民居区域内的一些局部建筑景观，也很有特色，体现着这一区域的城镇商业建筑的特征，如牌坊、字匾、幌子以及市楼等，也丰富了这一区域，使人们更能体会其中的景观建筑风貌给民众们带来的热闹购物与生活方便的功能。

1. 牌坊

山西地区的牌坊，也是中国传统建筑宝库中的精华，常常被建在街巷道路（图 6-41）、坛庙寺观、陵墓祠堂、桥梁津渡之前。建在商业市集入口处的牌坊，是整个集市的大门。从景观建筑的角度来看，牌坊被看成是一扇观景之窗，从街道的景框望去，呈现在眼前的就是一幅繁荣市集图，如图 6-41 所示。整体来说中国汉民族的牌坊种类多，但就材质来讲，山西晋中地区的牌坊多为木制，东西部地区多为石材的牌坊，同时牌坊的形式也有不同，晋中地区的牌坊形式多为单间二柱式，在一些大城市中商业街上的牌坊有的也采用三间四柱式，在平遥古城里有几座

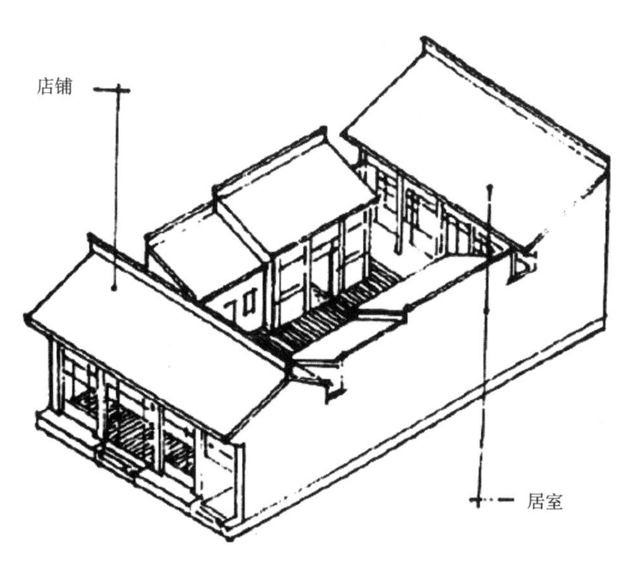

图 6-40 山西平遥的商铺大院

图 6-41　山西平遥的牌坊

四柱三间的屋宇式牌坊，屋宇还采用了琉璃瓦来铺砌。

全国有很多水泽湖泊，历史上称作“十薮”或“九薮”。山西祁县因古时有“昭馀祁泽薮”而得名，所以最早叫昭馀古城。在昭馀古城内原有 13 座古牌坊（不包括民居庭院牌楼），以十字口牌坊为中心，古城内布局建造了东、西、南、北四条主街和诸多小巷。其中，在十字口的牌坊最高，与四道城门口的牌坊高度差达 3m 左右，也是为了方便出水。东、西、南、北四条大街，街道方向不同，牌坊位置、式样也不同，东西大街以南北为正向，南北大街则以东西为正向。十字口是县城中心也是新、古城的交界处。十字口往西的街口上有一个写着“昭馀古城”的牌坊，从牌坊下一步走过，时光似乎就回到了封建的农耕社会与时代里。尺度比较亲切的街面上，只有很多现代民众的活动属于现在的景观，古城街道上的青砖和两旁民居建筑的厚墙还是以往的风貌。

2. 招幌

招牌和幌子，是附在店面之上的广告牌。在传统市集中，人们主要是通过招牌和幌子所表达的内容来了解店铺的经营范围，因而招幌对店铺十分重要。招牌一般为字匾这种硬质材料的标识物，悬挂于檐口之下，写上店铺字号，如“日升昌”等。字匾表达的意思比较含蓄，而幌子则较直观。幌子一般分为实物幌、标志幌和文字幌，在山西较多地采用实物幌和文字幌，如图 6-42 所示。实物幌主要是将一些标识性的实物悬挂在店面上，如衣铺就挂一件衣服等；文字幌是一种较传统的宣传形式，常见的如“茶”、“酒”等，也有书写四字一句来表达含义的，如“丸散膏丹”表达药店、“清肺润心”表达茶店等。这些招牌和幌子都充分表达着各行各业的风貌。

山西晋中地区的市楼，是整个市集的中心标志物，也是整个景观的中心点。山西晋中地区的市楼多为三层阁楼式建筑，一层多为砖石材料砌成的拱形结构，二、三层多为木制，顶部多为歇山屋顶。站在市楼的上层环视四周，整个市集会尽收眼底，以其壮观的建筑群体景观风貌使人对自己的城镇的自信心油然而生！

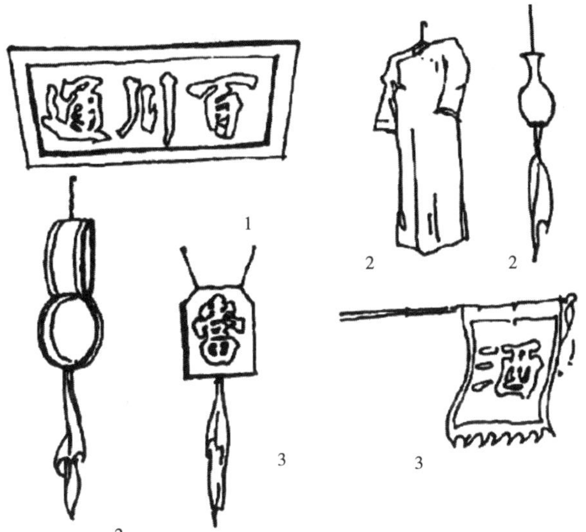

图 6-42　山西平遥店铺大院招牌和幌子
1- 招牌；2- 实物幌；3- 文字幌

平遥明清一条街里的金井市楼，是金井和市楼的合称，位于南大街的金井和市楼在同一个地方。在康熙年间和光绪年间金井市楼又叫作金井楼和市楼金井。在古代建城选址时讲究选择“区穴”，这个金井可能就是平遥古城的风水宝地，与风水堪舆有关。按照传统的风水学理论，蕴藏着山水之气的地方称为穴，是“山水相交，阴阳融凝”的吉祥之处，古城选址时重要位置的定位被称作“点穴”，要在区穴中央挖掘一口井，这口“风水宝井”对于古城的兴衰起着非常重要的作用。

图 6-43　平遥明清一条街

《管子》中提到“立市必四方，若造井之制，故曰市井。”因而“因井设市”是因为交通便利、人群容易聚集而开设集市。所以，将市楼设于繁华的街巷，是合乎市井由来的（图 6-43）。平遥古城在金井旁建市楼，连接着整个繁华的南大街，使金井和市楼相辅相成，金井让市楼熠熠生辉，关系着古城的兴衰，金井因市楼而增添古韵，让平遥古城永远财源滚滚。难怪在市楼朝南的通柱上有这样一副楹联：“朝晨午夕街三市，贺凤桥台井上楼。”门额是“金井古迹”，如图 6–44 所示。

图 6–44　平遥金井市楼的门额——“金井古迹”

平遥明清一条街里市楼本身是管理市场的建筑，一般城市都要建造市楼，并且派市官维持市场秩序和收缴交易税。市楼一般建在古城街市的中央，市官站在市楼上，管理市场交易。由于站在市楼上对整个古城可以看得一目了然，所以市楼除了具有管理市场的职能外，还能观赏人文及商业活动的市民文化景观。

市楼横跨在整个南大街，位于街心位置，是一座二层三重檐的歇山顶建筑。建筑平面近似正方形，底层四角由木质的通柱支撑，以砖墙包砌，东西两边砌有台基，台基上各有一个券门，有直通上下的木质楼梯。二层阁楼采用内外两环柱结构，增强了市楼的结构稳定性，如图 6–45 所示。市楼的做工和构造装饰都极为精细，在内外檐、梁枋等处雕梁画栋，有的地方刻有木雕装饰，有的地方绘制彩画，主要用花卉、鸟兽、人物和器物等组成吉祥图案，来寄托对“福、禄、寿、禧”等美好愿望的追求。在五彩缤纷的装饰中，最引人注目的是市楼蓝黄相间的琉璃瓦屋顶，在清代，琉璃装饰已很普遍，但是在琉璃装饰上组成字的图案却极其罕见。市楼的一条正脊和八条垂脊以蓝色琉璃贴面，外檐四周以黄色琉璃镶边，朝南的屋面在黄色琉璃装饰上镶嵌蓝色的一个大“囍”字，朝北的屋面在黄色的琉璃装饰上镶嵌蓝色的一个大“壽”字，追求南喜北寿的祈福效果。如今平遥古城的市楼成为我国清代楼阁建筑艺术的优秀遗存，成为平遥古城具有代表性的标

图 6–45　平遥金井市楼

志物。“人们想到平遥，便会想到市楼，想到市楼，就自然会想起平遥古城。”这里的金井市楼实际上既是平遥古城的建筑的宝贵遗产，又是古城的商业文化的一种历史表现，并且一直传承到今天，中外游客、男女老少来此旅游购物、休闲度假就是被这些文化和建筑空间景观所吸引。

山西晋中地区的商铺民居建筑外部形象比较成熟，尤其是檐廊式的店铺，十分华丽，仿佛有一些江南建筑的清秀，但仔细看整个建筑构件形态以及深沉的色彩，又充分体现了北方建筑的淳朴。之所以会形成这样的建筑整体形象与审美感知，其原因是多方面的，晋中地区地势相对平坦，限制条件少，人们的创造力就很容易发挥出来；其次，晋中地区交通便利，晋商通过长久的辛勤劳动致富，经济实力较强，有必要的资本来建造比较好的商铺和民居；再者，晋中地区外出经商的人很多，他们走南闯北、见识广博，在一定程度上吸收了各地建筑的精华，并且结合晋中本地的生态环境、气候条件及建筑特点，从而形成了别具特色的商铺民居建筑形态。山西大部分地区是三合院和四合院这两种典型传统的民居建筑形态，这也是建构商铺民居的原型。晋中地区的四合院院落狭长，左右厢房离得比较近，厢房多数是单坡向内院降落的斜坡屋顶，山墙对正房有遮挡，主要用于防风沙，因为晋中地区秋冬季节风沙一般比较大。传统的四合院都是向内封闭型的院落，按照中轴对称、长幼有序等礼制思想来布局。在有规模的古城和古镇，结合商业发展的功能区的形成，适应商业环境的要求，向商铺民居进行转化组合，必须将沿街的部分变为外向型的状态，满足商家与客户购物的销购要求。所以，作为四合院的前端部分，比如倒座和前院，都改为外向型的商业展示与购物空间，门、窗等都对外，结合檐头进行装饰，如招幌等，与商业街道联系在一起，这种类型的建筑形态在平遥古城的商业街两侧很常见。四合院的后面部分，则成为居住空间，由于前面部分有店铺作为遮挡，因此这个空间也比较安静（图 6-46）。

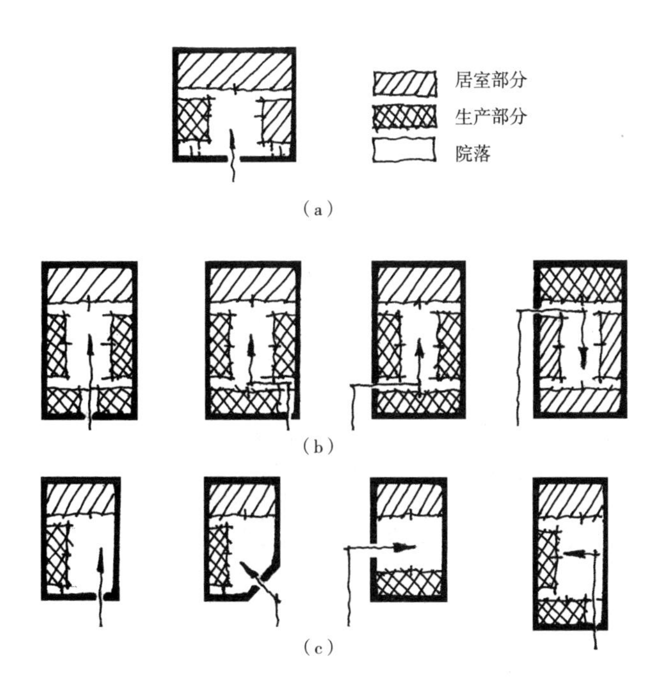

图 6-46　山西平遥的作坊民居
（a）三合院（b）四合院（c）小半院

晋中的作坊民居是指离开主要商业购物街道的非市集小巷里的民居，将居住、储藏和小工业生产结合起来的一种作坊、民居混合空间。基于农耕时代以及手工业生产的需要，人们在这个空间内主要进行手工制作、加工制作或者一些原料和成品的储藏等，正是这些功能形成了这一独特的空间组合环境。从外部建筑空间形态来看，作坊民居和一般的民居没什么区别，但内部却有本质的不同。若在聚落里，这种空间形态比较不完整，道路有缓有陡，缓处为小坡，地形陡的地方设计成台阶，沿台阶上去可以看到一处处的人家。聚落民居布置比较松散，门前道路也不规整，但是院内以及外墙却修建得比较整齐和规矩（图6-47）。

在进入村镇以后，在主要街道的两旁可以看到一条条垂直于市集街道的小巷，进入街巷空间，有的小巷还有砖墙砌筑的拱形门，与市集街道相连通，形成一个整体。街巷中的各个“作坊”的大门，不论宅院朝向什么样的方位，大门都是面巷来设计的，这样方便与街巷交通运输的联系。很多宅院没有影壁也没有门槛，台阶有的修成缓坡，方便马车出入。小马车在街巷里可以很方便地行走，这种有序组织的空间形成了功能化很强的流动空间。 通过上面的客观分析，可以看出聚落与集镇的民居建筑院落的空间本质是不同的，在很多村落，白天或农忙季节人们在田间耕作，夜晚或农闲季节人们在自家的加工场加工材料，生产商贸产品。作坊式民居院落主要用于生活起居与作坊生产，门前有些门槛和台阶，农具、马车的存放地与居住分开，各部分根据自身家庭的使用功能进行空间分区。

传统集镇有复合的商业贸易和手工业产品购买、交换的社会功能，居民的生活经济来源较多，主要是商业、手工业和运输业等。在作坊民居的作坊区中，院落就是

图6-47　山西平遥的作坊民居内院

图 6-48　山西平遥的作坊民居街巷空间

居民的生产“田地”，是他们的生活来源地。他们在外购买回原料，然后在自己的院落里加工和制作，再将经过自己劳动和创意加工的成品到市集和外村去售卖。院落是生产和生活的“共享”空间。居民的生活离不开院落，离不开市集，离不开街巷，它们是一个相互联系的整体，这也就是作坊民居空间的基本功能和一些本质特征。

在平遥古城中，穿过繁华热闹的市集商业街空间，进入小街与小巷，有很多建筑外观很平常的百姓人家，这些当地的民众们就是利用自己的房屋组合成了作坊空间，如图 6-48 所示。某种意义上说，这种房屋类型是现代城市里的家庭办公或家庭商贸办公室的原型。平遥古城里寻常百姓人家的合院建筑大多数是三合院或四合院，街道空间结构也多为横平竖直的坊居街巷，相应地各个家庭的合院式作坊空间的平面较为平整，不论是三合院、四合院还是小半院，一般都采用前后串联或者左右并联的院落空间组合形态。坊居街巷区有主要街道与次要街道之分，次要街道在坊居空间中体现的是后街或者侧巷，这里的作坊民居正门设在主要街道上，为居民们日常起居生活使用，侧院及后院的门设在次要街道上，供生产及仓储作业使用，如图 6-49 所示。例如平遥城中的一个作坊院落，是一个左右并联式的四合院组合空间形态，主要房屋坐北朝南，西院宽敞，为生活起居空间；东院窄小，为手工业、仓储辅助之用，送货进出在东侧的侧入口。宅院正门位于东南方位，开向主要街巷，这也是平遥城中典型的作坊民居的平面布局结构。

平遥明清一条街早市见图 6-50。

徽商民居与晋商民居其本质的功能也体现了建筑与人的生活与基本需求不可分割，建筑空间是人们商业活动、基本生产与日常生活交往的载体，符合“器以载道，道器相生”的理念，反映出建筑空间的人文关怀的特征。建筑是人们居住生活、生存

图 6-49　山西平遥的作坊的街巷空间

图 6-50　山西平遥的早市

的空间，与人的生活息息相关，人们在与建筑空间的朝夕相处中深知建筑空间布局的重要性，因而更自然地关爱建筑的营建与空间组织、装饰，所以将各种令人愉悦的装饰装点于每一个角落，甚至于在排水沟、地漏、烟囱等部位都有装饰构件的制作与表现，足见他们的匠心所至。中华建筑空间文化传承至今，每个时代都有每个地方的建筑空间营建策略和地域建筑优秀遗产，值得我们长期不懈地研究，才能发扬光大自己传统文化的优良品质和具体的营建方法。

6.2.3　平遥县中国第一票号——日升昌李家

晋商著名票号就是平遥古城里的“日升昌”商铺，作为晋商经商致富的杰出代表，“日升昌”商铺的建筑风格和规模都非常有特点，又有其特殊性（图 6–51）。日升昌票号采用三进式穿堂带楼层的院落结构，既体现了晋中民居的传统特色，又吸收了晋中商铺建筑的风格，达到了建筑艺术和使用功能的和谐统一。日升昌商铺民居占地 1386 m^2，建筑面积约 1200 m^2，共有 21 座建筑，正院沿南北纵轴线展开，东院为狭长的南北小跨院，西院为日中新票号（图 6–52）。日中新与日升昌的财东均为达蒲李氏，如今平遥古城里的“日升昌”商铺旧址，已开辟为“中国票号博物馆”，笔者 2014 年夏天去作了参观、考察。

“日升昌”商铺，选址位于“大清金融第一街”平遥古城西大街的繁华地段。整

图 6–51　山西平遥的第一票号日升昌

图 6-52　山西平遥的第一票号日升昌的庭院

座建筑群用地紧凑，各种商业功能分区分明。就是这样一座小小的院落，是我们中国民族银行业的最早建筑空间的代表，并曾一度成为 19 世纪整个清朝的银行票号领域的重要建筑。

在“日升昌”商铺票号的经理的任用上，曾经发生过这么一件事情，李氏家族聘任雷履泰出任票号经理后，对雷履泰十分信任。但是雷氏为人心胸比较狭窄，对票号业务不论大小都亲自过问，不让二掌柜毛鸿翙插手，甚至在他生病时也不放手管理的细节。毛氏对雷的这一做法很有意见。有一次，毛氏趁财东李氏看望雷履泰病情的机会，向大东家建议因雷氏病重，可让雷氏回家休息养病。大东家觉得这是对雷氏病情的关怀，便采纳了这一建议。不想雷氏对此做法十分气恼，暗中通知各地分号结账，准备向大东家交待账目后提出辞职。大东家李氏得知雷履泰突然要辞职，便急着也慌张了起来，急忙来到雷履泰家中仔细问候事情来由。原来雷履泰认为毛氏想趁他生病之机夺票号业务大权，而大东家又采纳了毛氏让雷回家休息的意见，雷又不得不返家休息，故以辞职要挟大东家。李氏考虑雷履泰业务能力强，如果他辞职不干，将会给票号带来极大的损失。便婉言恳请雷履泰留任，但雷毫不松口。李氏情急之下，忙下跪求雷留下。雷履泰见大东家给了自己大面子，这才答应取消辞职的说辞。从此，大东家李氏就独自信任雷氏，雷履泰也竭尽全力苦心经营，终于使日升昌成为山西票号中实力最强的一支力量，也为大东家李氏赚取了大量的银两和商业财富。

第7章

徽商、晋商传统民居的建筑形貌及装饰艺术对当代设计的启示

传统民居是现代设计的宝贵资源。在全球化的大背景下，现代建筑风格与传统建筑文化的割裂，是值得我们深刻反思的。研究和发扬传统民居建筑形态和装饰艺术的关键在于如何满足现代功能需求，迎合时代审美情趣，继承、创新以寻找传统与地域文化在现代设计中的表达途径。在快速城市化的社会进程中，催生了一大批高密度的都市营造，当代都市营造不能割断中国传统建筑文化、传统建筑艺术美而去追求没有传统建筑文化根基的建筑形式。同时，当代设计对传统建筑文化的继承与追求，决不能仅仅停留在对形式的剪辑设计层面上，而应在追求精神和文化内涵方面有更深层次的表现，抓住传统建筑文化的本质内涵，将传统建筑的创作思想和创作方法与现代技术、材料及当代审美观有机结合、灵活应用。

本章从对建筑装饰元素的借鉴和对建筑空间意蕴的传承两个方面来展开。其中对传统装饰元素传承的手段有继承和创新，传统元素一直是设计界炙手可热的设计元素，日趋流行的将中式传统元素应用于现代设计中的设计风格，叫作新中式风格。在现代设计中将传统装饰元素与现代设计手法及材质巧妙融合，营造出的视觉体验和空间效果既有传统文化的庄重优雅，又满足现代人的审美诉求，是传统艺术在新时代的体现和发展。随着人们对中国传统建筑的不断认识，对传统中式朴素美学的理解也在不断加深，对现代中式设计也提出了更高的要求。其中，对建筑空间意蕴的传承，不强调建筑传统符号的拼贴，而是以中国传统建筑为创作源泉，汲取养分，利用当代建筑工艺创造出具有传统建筑空间体验、场所特质、审美趣味和人文精神的当代建筑类型。

如今，现代中式楼盘以及一系列新中式建筑的出现，说明了中国传统文化的回归，但对新中式建筑的探索还处于设计实践的初级阶段，其理论体系和设计手法尚不成熟和完善。本书通过探讨分析徽商、晋商传统民居建筑形态及装饰艺术中的特征，结合当代设计对传统形式语言的应用，有以下思考。

图 7-1　黄山德懋堂入口

7.1　建筑装饰元素的借鉴

7.1.1　对传统装饰元素的直接应用

随着人们对本土文化的深入认识，当代对传统装饰元素的应用也越来越广泛，最多的手法为直接应用，如将传统装饰元素直接运用在现代空间环境中，这种方式最为简单、直接，也十分有效地为空间增加了复古韵味，烘托出纯朴、古拙的空间氛围，作为入口空间，也起到渗透空间、丰富空间层次的作用（图 7-1）。

7.1.2 对传统装饰元素的间接应用

对传统装饰元素传承的真谛不是简单地抄袭、复制，更重要的在于它能突破传统，进行改良或创造，呈出新意。传统民居装饰元素继承的精髓既应该充满独特的脉动，又应该保持鲜活的生气，在继承和借鉴的基础上谋求新的原创；既蕴涵中华文明的千年底蕴，又演绎着当今时代的审美乐趣，表达文化发展的全新姿态。在现代设计中对传统窗棂图案的应用不应只局限于直接应用，更重要的是在传统的基础上推陈出新。既要尊重和继承传统，抓住传统窗棂设计中的神韵和中国古代文化中的内涵，又要打破原有设计方式的束缚，结合当代人的审美观和精神需求，创造有时代感的中式语汇，让传统艺术焕发新的光彩。

（1）化繁为简，化简为精。明清时期徽商、晋商民居的装饰图案有简有繁，华美与质朴共存。随着时代的发展以及西方美学观的影响和渗透，人们的审美趋向简约化，追求自然轻松的空间感受，所以对传统民居装饰元素不能简单地直接应用，在当代设计中应在对该文化创作本源深刻认知与理解的基础上，提炼出能代表该地区文化理念的传统装饰元素，并对其进行打散、解构、重组，做到化繁为简、化简为精，给人的视觉感受既现代，又能呼应传统，真正实现传统与现代的交融。在黄山德懋堂度假别墅中，设计师提取传统窗棂中的套方锦式样作为窗式装饰，玻璃与实木结合烘托出的空间氛围实现了传统典雅与现代简约的完美碰撞。

（2）提炼组合，材质更新。在传统民居建筑中，因为与自然环境相关的建筑材料的局限性，通常都就地取材，建筑材料一般为当地的天然材料，如本书提到的黟县茶园石，还有山西民居的黄土，这样做的好处是建筑与当地周围环境更为统一、和谐。但在当代设计中，随着科技的飞速发展，新材质、新工艺层出不穷，为实现传统装饰元素的当代应用提供了更多的可能性。任何材料，不管是传统民居建筑材料，还是当前的高新材料，都有其自身独有的特性，不同的材质呈现出不同的色彩和纹理，将新材料如合金、锈板、玻璃、涂料等和传统装饰元素有机结合，不仅会增加空间的归属感和亲和力，而且会让人有焕然一新的感觉。

（3）灵活应用，推陈出新。现代装饰表达中，对传统装饰图案的应用手法多样，如将传统图案应用于景观设计中，作为渗透空间，增加空间的层次；或将传统窗棂作为一幅精美的艺术品来欣赏，起到纯粹的装饰作用；或将传统装饰元素用于建筑表皮，如国家体育馆、鸟巢，运用了传统民居窗棂图案中的冰裂纹，与建筑结构完美结合，成为21世纪新建筑的典范。对传统装饰元素的创新应用就是抓住其神韵、打破原有模式，将之灵活运用，通过新装饰手法的应用使传统元素深入渗透到设计的方方面面，让传统建筑文化不断传承发展，推陈出新。

7.2 建筑空间意境的传承

意境是“情趣”与“意象”的融合，是指客观的形式在心理上产生的“意象”，这种“意象”（景）本身是支离破碎的，不能独立存在的，只能经过“情”（feeling）的贯穿融化，才会具有生命。而“情”本身也是只可意会不可直接描绘的实感。

在城市化的进程中，人们越来越注重保留城市的记忆，让新的建筑深深扎根于其所在的地域，让建筑更多地获得与特定土地紧密关联的记忆滋养。徽商、晋商传统民居空间环境包含着丰富的思想文化，而这些思想文化又被巧妙地运用于空间环境中，这些都是现代空间环境所缺失的。地域化探索实践的方向，是对传统建筑文脉的继承，而非单纯地复古、拙劣地模仿。重视建筑空间意境的营造，实现从有形到无形、从形似到神似的嬗变，从追求法式严谨、有序到追求神似，寻找空间意境与精神感知的完美契合。

设计界在中国传统民居与现代住宅设计结合的道路上已经有诸多尝试。有些在现代住宅庭院中运用传统民居的格局，但无法塑造现代的空间感；有些将传统建筑的元素符号拼贴在现代建筑上，模仿痕迹过重，缺少意境的营造。万科地产在深圳开发的万科第五园楼盘，是现代住宅设计继承传统民居设计理念的成功案例。万科第五园借鉴中式园林“起承转合”的布局手法，运用黑、白、灰的传统徽州建筑色彩语言，借

图 7-2 深圳万科第五园
（资料来源：百度图片 http：//image. baidu. com/）

鉴传统民居聚落“院—巷—村”三个层级的空间模式，运用水、桥、竹等传统的空间装饰元素，最终表现出了传统民居聚落的空间意境，做到了神似而非单纯形似的新中式设计尝试（图 7–2）。这种尊重传统并深入发掘传统民居空间内涵的设计手法，是合理的、值得学习的将传统民居理念现代运用的设计思路。

7.2.1　皖南地区当代地域建筑探索实践

徽州民居聚落多依山傍水，山清水秀，与自然山水有很好的融合。徽州民居简洁的立面构成、单纯的色彩对比、连续的墙面，都与现代建筑形成某种兼容，体现了中国人的审美情趣。徽州民居空间所蕴涵的意境温和淡雅，这种空间意境应是现代地域建筑所应学习的。

黄山市云谷山庄位于黄山六大风景区之一的云谷寺景区，其建筑风格汲取徽州民居建筑风格精髓，溪水穿建筑组群而过，建筑形态提取粉墙黛瓦，室内汲取天井等设计元素，建筑群融入自然山水之间。整体风格传统但不因循守旧，尊重传统建筑形式的同时又富于变化，通过对皖南民居建筑形态的提炼运用，营造出一种中和、静谧的空间意境。其空间环境与中国传统天人合一的审美意识和欣赏趣味悄然吻合，别具韵味（图 7–3）。

文化地产先行者——黄山德懋堂，位于黄山市徽州区呈坎镇老梁上，是黄山丰乐湖 4A 级景区内的徽派养生度假别墅。总建筑面积 35510 m²，共规划 97 栋单体别墅，体量在 220 ~ 249 ㎡之间。如图 7–4 所示，其设计思路是把握传统民居在视觉与空间

图 7-3　黄山云谷山庄
（资料来源：单德启．中国民居图说·徽州篇．北京：清华大学出版社，1998:135-137.）

图 7-4 黄山德懋堂度假别墅

上的感受，注重意似而非形似，提取传统徽州民居的建筑空间语言与黑白灰的色彩语言，与现代设计手法有机结合。探索中国传统民居所能满足的中国传统居住心理及其内蕴文化，通过合理的空间与色彩处理融入现代住宅空间之中，既符合中国人的传统审美需求与空间诉求，又能满足现代人的生活方式要求。

7.2.2 晋中地区当代地域建筑探索实践

山西省图书馆新馆位于太原长风文化商务区的文化岛上，濒临人工开凿的汾河内河。图书馆在设计中充分汲取了山西传统地域性建筑的特色，并赋予了现代的生命力。建筑外立面材质沿用山西传统建筑的土黄色与砖红色；沿汾河一侧建筑立面，虚实结合，实面呈条状，整体效果犹如山西建筑中经常采用的砖砌花墙（图 7-5）。

进入馆中，一层布置高大植株，营造出犹如置身于传统民居院落的室外空间感受。屋顶结构为部分木质结构，其连接方式模仿传统榫卯结构；密肋式的木条排列，类似传统山西建筑中的椽子，给人以古典的气息。墙面一面还采用了陶土板的材质，

图 7-5 山西省图书馆外立面
（资料来源：张磊摄）

图 7-6 山西省图书馆

结合屋顶木构与室内植株，配合巧妙的空间处理，室内空间营造出一种山西传统街巷的行走体验（图 7-6）。

7.3 工程规划与建筑实践

本节是笔者参与主持的安徽省石台县牯牛降一期配套建筑工程的建筑设计方案，也是将传统地域建筑空间形貌与文化形貌有机结合，并运用在具体实践中的学术探索。重点展示前后两轮的主要设计图纸，过程阶段的图纸就不再展示，其中第一轮规划与建筑设计方案于 2011 年 6 月提交，2012 年 6 月定稿。

7.3.1 项目概况

牯牛降风景区位于安徽省石台县大演乡，龙门景区是石台县规划建设中的牯牛降风景区重要组成部分，紧邻牯牛降风景区，未来发展定位为牯牛降风景区的接待服务及商服区。开发建设龙门景区，对加快牯牛降生态旅游开发，发展石台县旅游经济有着积极促进作用。为充分发挥其重要作用，推动石台旅游业的整体发展，2009 年 8 月，由石台县旅游发展有限公司会同牯牛降风景区管委会对龙门景区进行二次开发建设和景区的经营管理，争取近期内将龙门景区建设成为国家 AAAA 级旅游景区，使之成为皖南地区一个重要的旅游目的地。

2010 年 1 月国务院批复的《皖江城市带承接产业转移示范区规划》中明确提出“合理开发牯牛降生态旅游，建设国内一流休闲度假旅游基地”的发展目标，龙门景区是石台县规划建设中牯牛降风景区的重要组成部分，紧邻牯牛降风景区，未来发展定位为牯牛降风景区的接待服务及商服区。

主要景点现有严家古村、情人谷、四叠飞瀑、龙门潭、田园风光、钟鼓石、南国古长城等，现有龙门山庄宾馆（约 4500 m^2）、龙门服务中心等服务接待设施，酒店宾馆和服务中心坐落于龙门景区北入口处，其中客房按三星级标准建设，拥有标间 320 间，餐厅可同时容纳 300 人就餐。

由于在景区基础设施和道路交通方面投入不多，严重制约了龙门景区旅游资源的开发利用，一直难以形成较大的市场规模。为进一步开发龙门景区的旅游资源，提升龙门景区形象和旅游价值，需要做大做强石台县旅游产业，推动以牯牛降为龙头的承接旅游产业示范基地建设，更好参与皖南国际旅游文化示范区建设。

应以生态观光、生态休闲度假旅游胜地为建设目标，完成龙门景区的道路、旅游基础设施和旅游景点的再开发。按照国家 AAAA 级旅游景区标准，丰富景观内容和旅游项目，完善项目区交通、供电、通信、卫生等基础设施的配套，建设满足游客“食、宿、行、游、娱、购”的旅游服务设施。

为此，石台县旅游发展有限公司委托笔者主持本次一期配套建筑工程规划设计。此次石台县牯牛降生态旅游区一期配套建筑工程的建筑方案设计包括：（1）游客服务中心，（2）管委会信息管理中心，简称管委会，（3）旅游停车场。

7.3.2 设计依据

（1）甲方提供的现状地形图；

（2）甲方提供的上海同济城市规划设计研究院的《龙门景区修建性详细规划》；

（3）甲方提供的设计任务书；

（4）甲方提供的景区道路规划图；

（5）《民用建筑设计通则》（GB 50352–2005）；

（6）《办公建筑设计规范》（JGJ 67–2006）；

（7）《民用建筑节能设计标准》（JGJ 26–95）；

（8）《石台县龙门景区生态旅游开发项目建议书》；

（9）国家相关法律法规。

7.3.3 项目设计内容

1. 管委会信息管理中心

主要具体功能房间有：门厅、接待大厅、值班室、传达室、会议室、多功能厅、管理室、办公室（主任办公室、副主任办公室，一正三副，）计算机房（电子监控中心）、休息室、设备间、厨房、餐厅、包厢、卫生间、员工宿舍（100人左右住宿）等。

2. 游客服务中心

主要具体功能房间为游客服务大厅（兼门厅，内部后期将装饰布置电子触摸屏、中英文双语DVD风光片介绍、纯净水供应器、自动擦鞋机、报纸杂志等设施，并设置桌椅供游客休憩）。在游客服务大厅边布置售票厅、问讯咨询中心、景区沙盘展示厅、图片展示厅、景区多媒体展示中心、医疗室、邮局、土特产小商店、旅游书吧、咖啡厅（可供应茶水、快餐），贵宾室、投诉接待室、管理室、办公室；电子监控中心（计算机房）、男女卫生间、设备间等用房。

3. 旅游停车场

停车场建筑方案用地面积按34000 m^2 设计，其中大巴车停车位约60辆，剩下均为小汽车停车位，结合绿化进行停车设计，同时满足停车场设计规范的要求。

7.3.4 设计理念和方法

本次一期配套建筑工程规划设计，经过三次到现场踏勘的调查研究，提出了本次设计理念和方法。牯牛降古时称为西黄山，说明牯牛降地区与黄山、徽州同处于一个地理文化圈之中，该龙门景区里的严家古村落民居也具有徽州民居的基本特点。故在这次建筑方案设计中，要充分挖掘和体现新徽州地域建筑的文化传承与发展，表达地域建筑的当地文化的创新。通过笔者主持设计公司的长期研究和提炼，我们将“布局合理，显山露水；尺度适宜，突出环境；色彩淡雅，乡土材料；功能有机，与时俱进；景观结合，亲切怡人”作为本次的建筑设计理念。

7.3.5 总平面布局

结合上一轮已通过《龙门景区修建性详细规划》的基本布局，管委会信息管理中心位于现在服务区的信息管理中心和宿舍的东侧，做园林式灵活布局，同时也和现状保留的信息管理中心大楼形成有机联系，主入口布置在南端，结合河渠布局景观水面，北侧有次入口出入。游客服务中心位于管委会信息管理中心的东侧，隔新拓宽的景区主干路与管委会信息管理中心相望。东侧为服务区的主要河道。而旅游停车场则位于游客服务中心北侧，占地较大，有三个主要出入口和景区主干路相连通，最多停车位可以达到500辆以上。结合旅游停车场布局，游客服务中心的主入口设在北侧，但在西侧和南侧均结合交通、景观需要设置次入口。

7.3.6 具体方案图纸与图片（图7-7～图7-10）

1. 总平面（图7-7）

规划设计理念：

（1）布局合理，显山露水；

（2）尺度适宜，突出环境；

（3）色彩淡雅，乡土材料；

（4）功能有机，与时俱进；

（5）景观结合，亲切怡人。

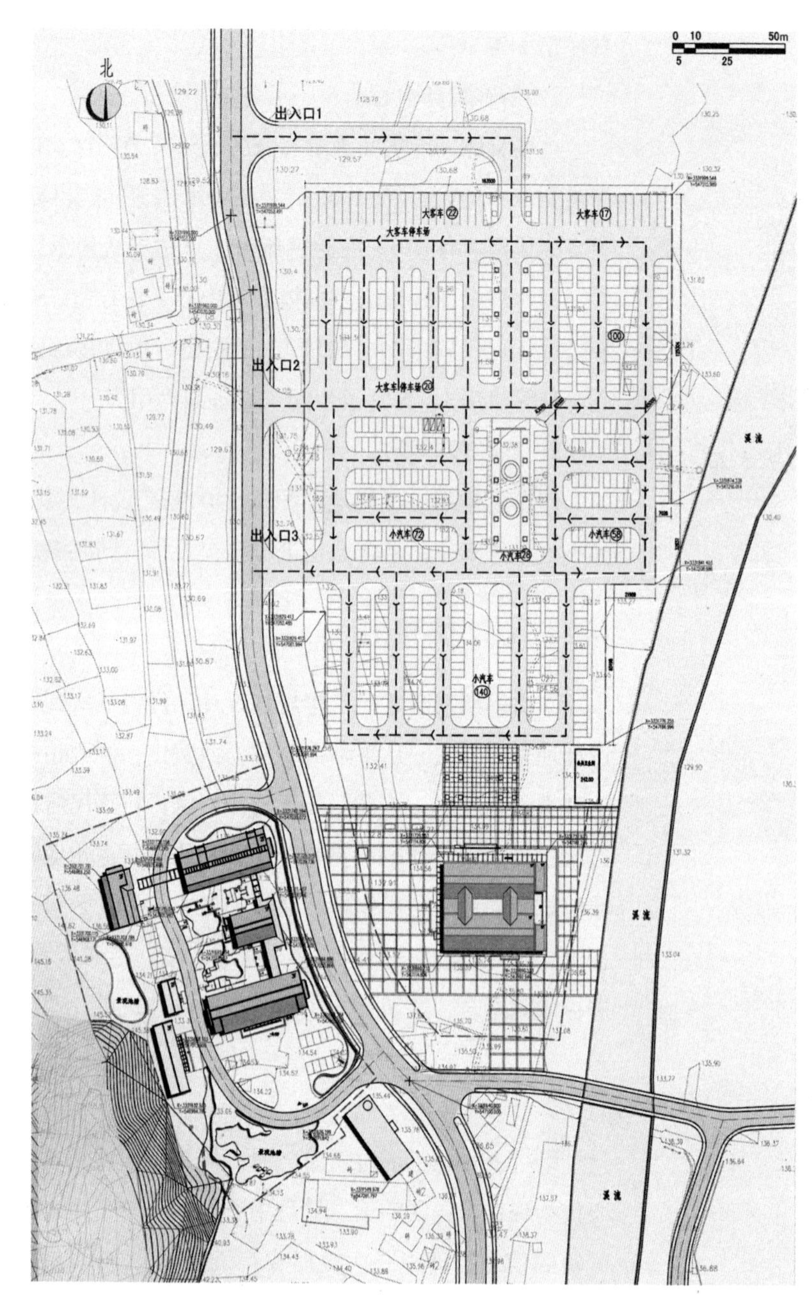

图7-7 总平面图

建筑空间组合特点：按照现代游客服务中心的功能特点布置房间，围绕游客服务中心大厅形成高效、大气的室内空间。游客从北侧停车场下车后，可以方便快捷地从北侧门厅进入游客服务大厅，电子商务售票厅和散客售票厅及内部管理办公用房集中布置在东侧，分区合理，避免内外部人流交叉。

游客服务大厅的中部为休息等候区，其东北角布置图片展示区及景区沙盘，大厅的南侧布置阅览室书吧、咖啡厅、土特产商店及邮政商务中心。在游客服务大厅的西侧和南侧结合外部空间需要布置次要入口，方便疏散和联系。南入口东侧布置公用卫生间、设备间等用房。

2. 景区大门

图 7-8 景区大门效果图一

图 7-9 景区大门效果图二

3. 景区停车场（图 7-10、图 7-11）

图 7-10　景区停车场总平面图

图 7-11　景区停车场西南鸟瞰图

4. 管委会服务管理中心大楼（图 7-12～图 7-17）

图 7-12　管委会东南侧鸟瞰图

图 7-13　管委会东侧鸟瞰图

图 7-14　管委会东南效果图

图 7-15　管委会东面效果图

图 7-16　管委会南面效果图

图 7-17　管委会内院效果图

5. 公共厕所设计方案（图 7-18～图 7-21）

图 7-18　配套建筑公共厕所方案设计效果图

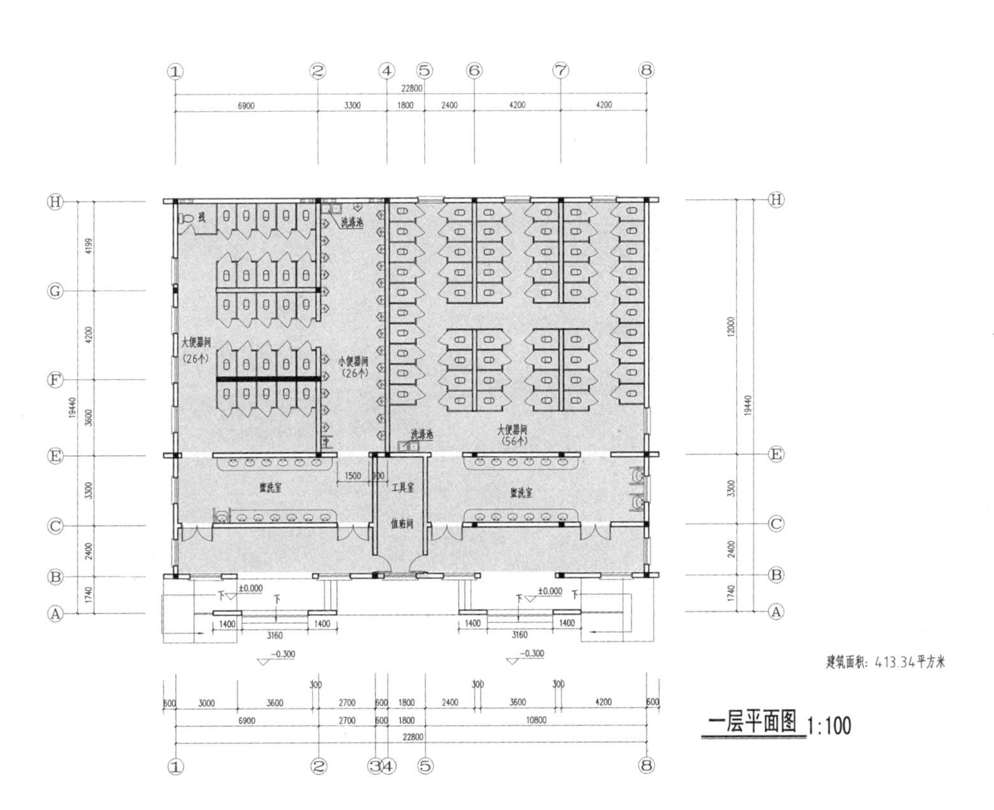

图 7-19　公共厕所方案设计平面图

图 7-20　公共厕所照片一

图 7-21　公共厕所照片二

6. 游客服务中心（图 7-22 ~ 图 7-40）

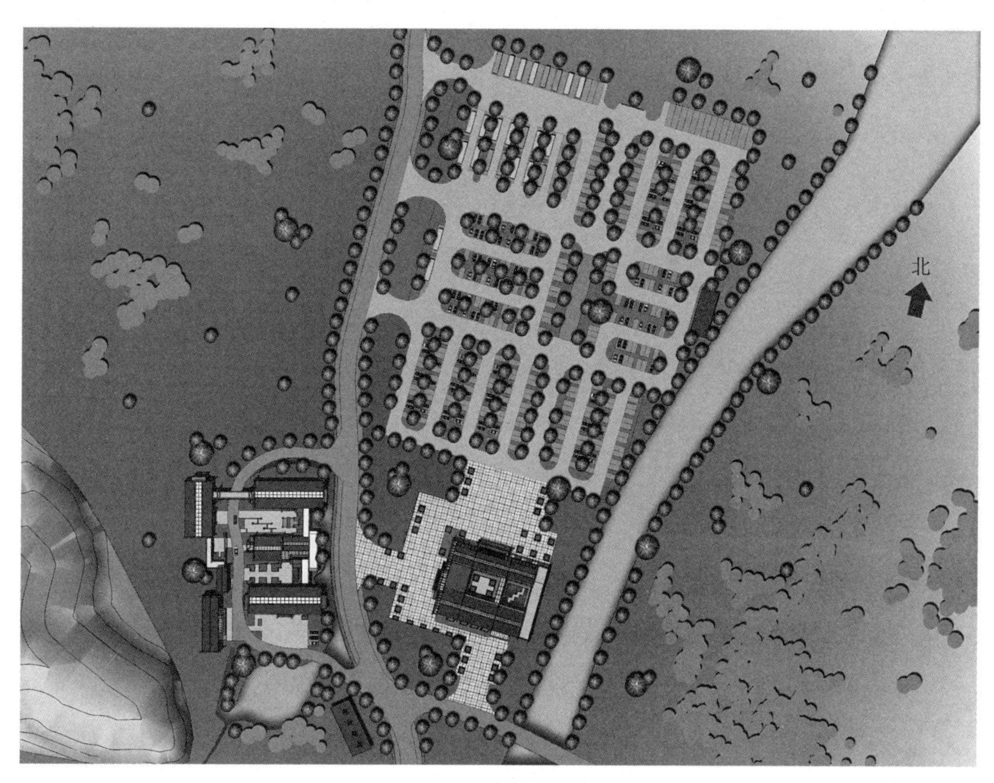

图 7-22　管委会与游客服务中心总平面图

图 7-23　管委会与游客服务中心东南鸟瞰图

图 7-24　游客服务中心第 2 轮东北鸟瞰图

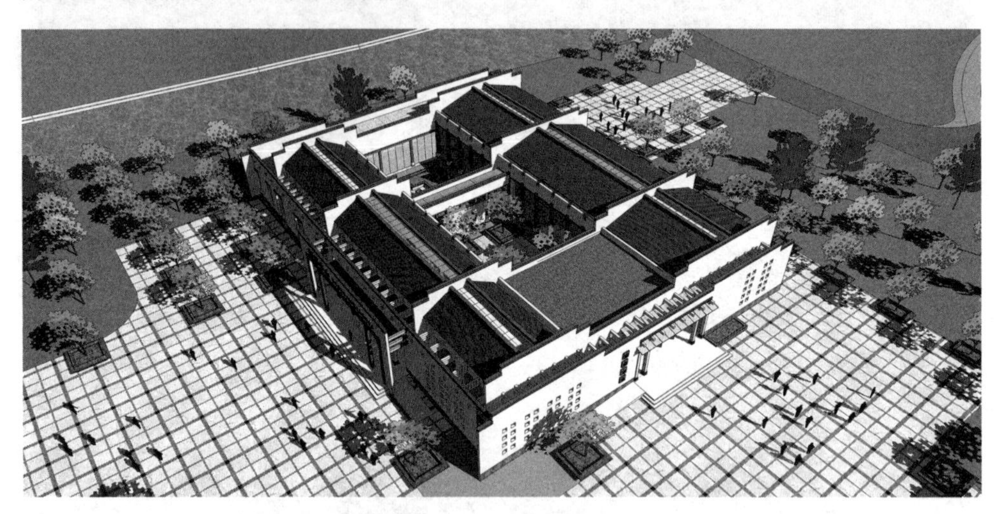

图 7-25　游客服务中心第 2 轮西北鸟瞰图

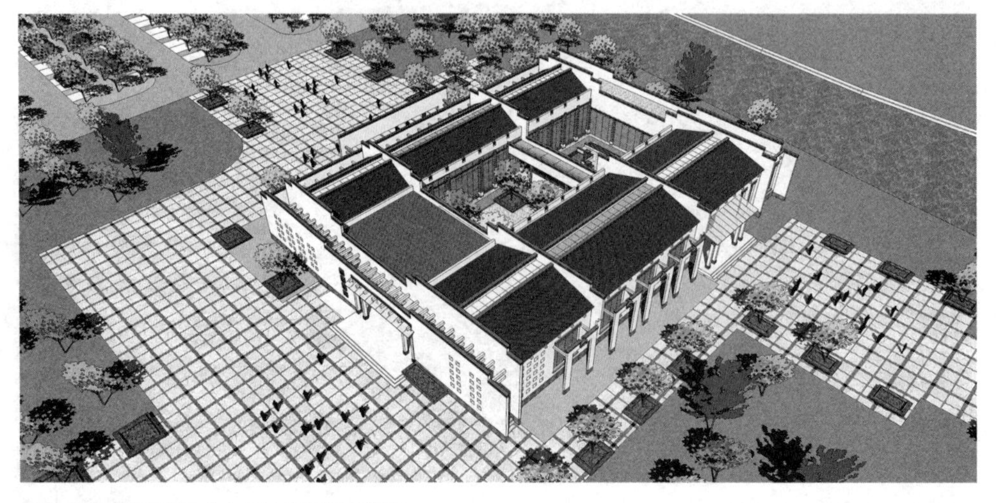

图 7-26　游客服务中心第 2 轮西南鸟瞰图

图 7-27　游客服务中心第 2 轮南立面效果图

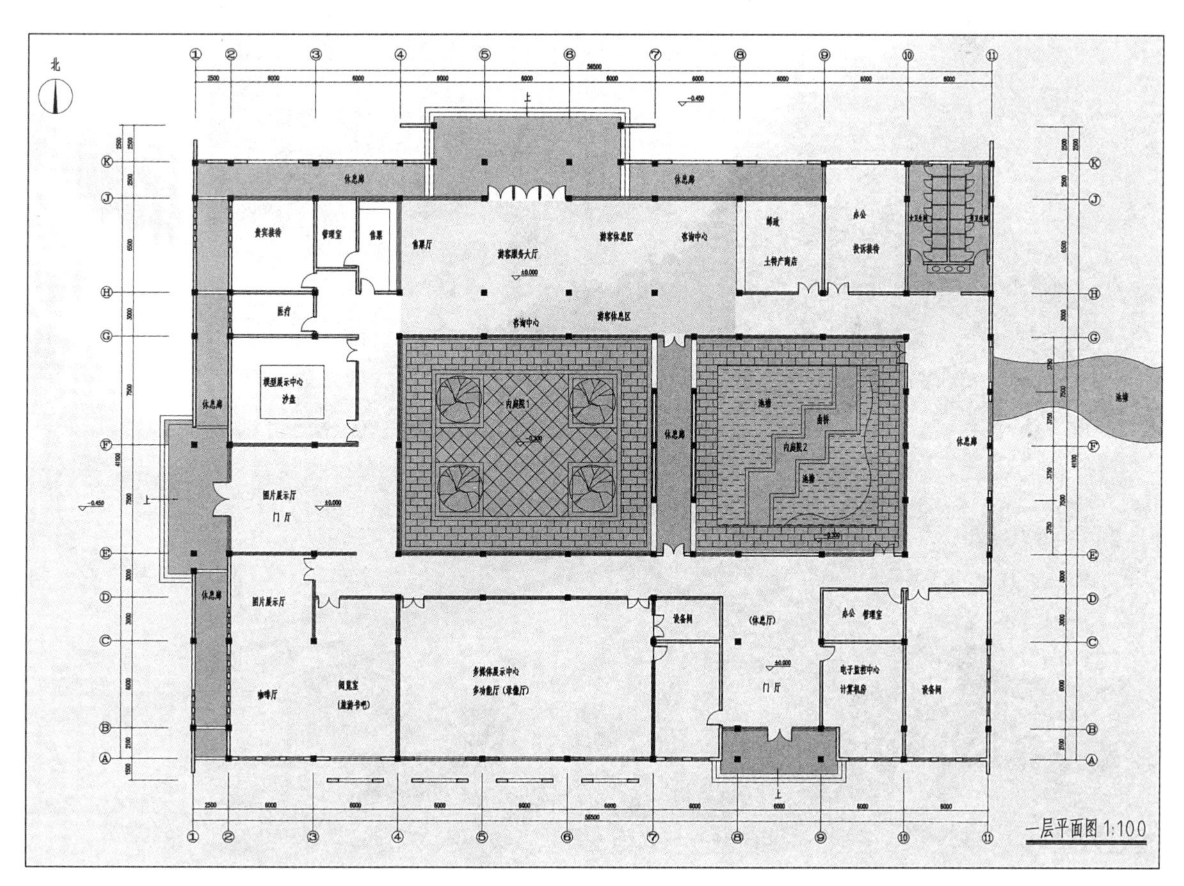

图 7-28　游客服务中心定稿平面图

图 7-29　游客服务中心定稿方案立面图

图 7-30　游客服务中心北向及西北向立面效果图

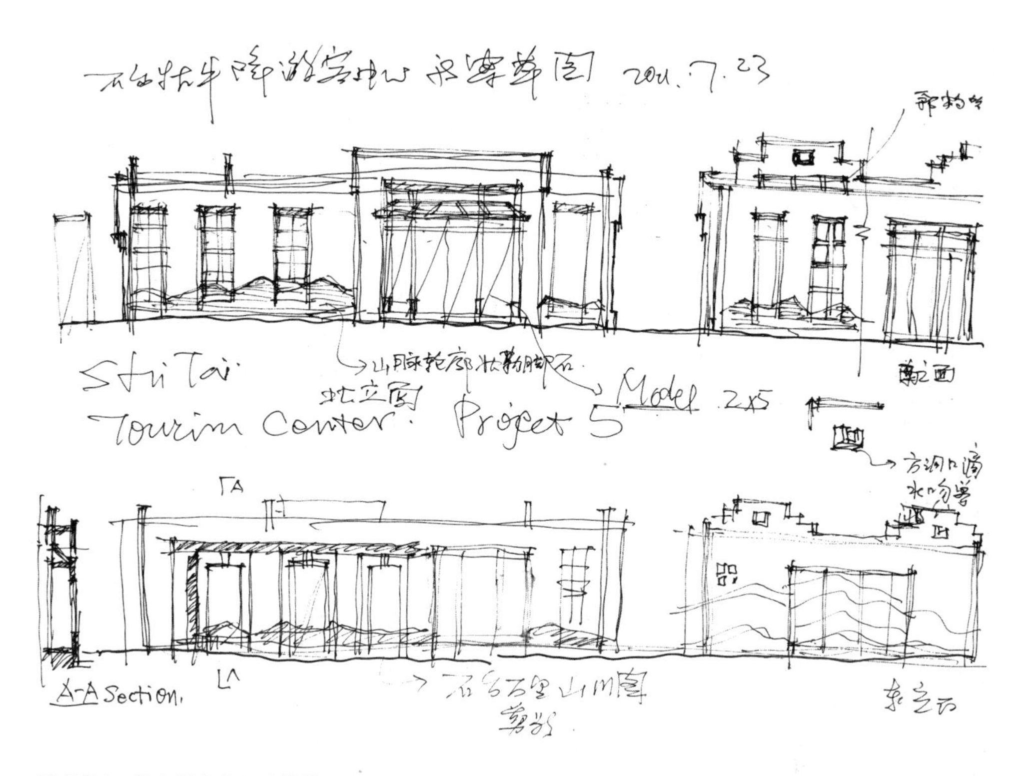

图 7-31　游客服务中心手绘稿一

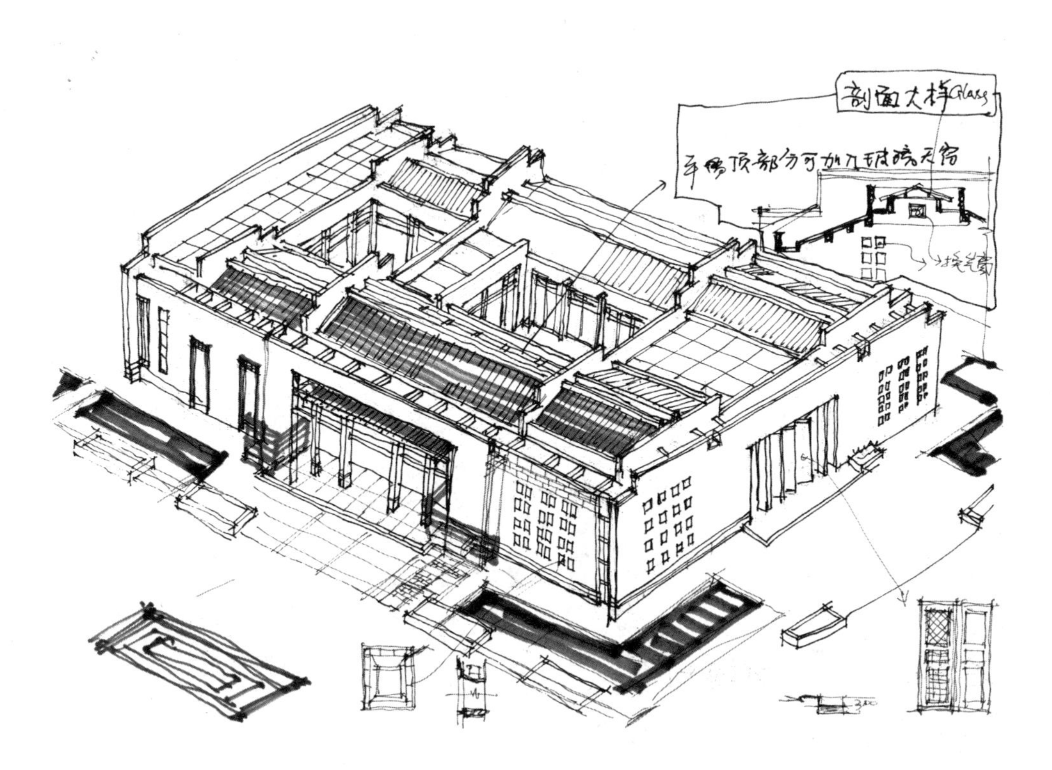

图 7-32　游客服务中心手绘稿二

图 7-33　游客服务中心效果图

图 7-34　游客服务中心北向主入口

图 7-35　游客服务中心北向主入口全景

图 7-36　游客服务中心竣工后入口照片

图 7-37　游客服务中心内部采光中庭一

图 7-38 游客服务中心内部采光中庭二

图 7-39 游客服务中心内部采光中庭三

石台牯牛降游客服务中心及配套停车场规划设计与建设设计于2010年，2013年建成，是公共建筑空间形貌与环境景观和谐共生的代表。该建筑谦虚、协调的空间受到了徽州聚落民居建筑的启示，低调朴实，具有较丰富的聚落公共建筑空间序列。当今城市化的演进速度很快，环境优美的景区服务中心有丰富的空间转换，徽州特有的山水、溪流、天井、院落、菜园、林场等各种景观要素在这里都有体现，建筑在石台牯牛降这个特殊的环境地形里有机生长。这里也有绿色的山水植被和农耕文明的生活场景。

图7-40　游客服务中心南向及北向檐廊

石台县离合肥、池州、黄山等都市圈不远，城市里的居民如果能来到石台牯牛降，从游客中心进入这个景区，就会放慢他们的脚步，舒缓心情。在这里，可以呼吸每立方厘米近百万的负氧离子，怡养性情，让工作的烦恼和生活的忧伤随风而去。

本章小结

本章节分析了徽商、晋商传统民居及公共空间形貌对当代设计的启示意义，从对装饰元素的借鉴和对建筑空间意境的传承两个方面展开阐述，并将其与现代设计应用相结合。其中，装饰元素的借鉴分为对传统装饰元素的直接应用和间接应用，间接应用中又分为化繁为简、化简为精，提炼组合、材质更新，灵活应用、推陈出新。在对建筑空间意境的传承中主要分析了当代皖南地区和晋中地区的地域公共建筑空间形貌规划设计的探索实践。此章节是研究徽、晋传统公共建筑空间形貌的规划设计具有现实意义的重要环节。研究传统的目的是要运用，汲取传统设计精髓，融古汇今，延续文明硕果。

结语

本书以徽商、晋商传统建筑主人的商业背景为切入点，选取了典型实例，运用比较分析的方法对徽、晋传统公共建筑空间形貌及装饰艺术进行了综合的横向比较分析，探讨了在相同的时代背景下，中国南北地域差异、文化差异对传统民居的影响。本书通过大量的史料收集、文献整理、实地调研考察等手段，总结归纳出徽商、晋商传统民居及公共建筑空间形貌形成的特定地域条件，对其组群形态、基本形制、视觉形态、装饰艺术等进行了较为详细的比较分析，进而提出传统民居研究的现实意义以及对当代创作的启示。纵观本书的主线，重点是对公共建筑空间形貌及装饰艺术的研究，对当代创作的启示是本书的归宿点，体现了本书写作的目的及意义。

我们可以清晰地得知，徽、晋民居建筑形式的选择与定型，是与其自然地理环境和历史文化发展共同作用的结果。公共建筑空间形貌的形成影响因素是多方面的。首先，建筑建造在自然环境之中，建筑形态应是尊重自然、结合自然的。其次，人类建造住所，为了满足自身生理上的需求，人类改造自然的主观能动性也在建筑形态中有所体现。再次，建筑所有的形态以及公共建筑空间形貌受它所在时代与地域的社会结构、地域文化、人文环境、时代背景影响巨大；尤其是明清两朝的徽、晋商人民居，作为主人财富和身份的表达载体，商人的经济实力是徽、晋商人传统民居建筑形态的重要影响因素。最后，也是最重要的，是人的思想层次与心理诉求对建筑形态的影响。徽、晋两地传统文化基础深厚，徽、晋商人大多受到良好的儒家文化的传统教育，儒家思想的伦理道德与封建礼教的观念根植内心，因此，其宅院布局的建筑形态严格符合封建礼教的秩序；徽、晋商人“行商天下”，走南闯北，了解中国各地建筑风格，受到各地建筑审美的影响，这种商人的综合性审美在自宅的建筑形态中也有所体现。因此徽、晋商人民居的建筑形态受到封建礼教与商人审美的影响深远。

经过时间的沉淀，风化斑驳的雕饰艺术，被岁月磨平、磨亮的青石街道，寓意深远的三雕艺术，“商字门”，无不透露着浓浓的商业文化气息，徜徉其中，无不为之惊叹，这些都是具有中国地域和时代特色的艺术精品，传承着中国人的文化思想和精神理念，是历史留给我们的宝贵财富。我们在感慨其气势磅礴、庄重浑厚、清新细腻的同时，也在凝神思考着我们今天的遮蔽之所。徽、晋传统民居及公共建筑空间形貌留给我们的不仅仅是她古朴的形态，还有其内在的文化和精神。对于当代建筑，延续其内涵和底蕴才是时代真谛。古为今用，赋予传统建筑以新的时代意义是时代发展的必然趋势，对传统建筑文化的当代应用仍需我们不断地研究、创新，在当代设计中真正实现传统与现代的对话仍任重道远。

此外，人类学中文化形貌理论和“道器相生”的逻辑思考也是本书的重点。

首先，文化“形态”=文化“器”。如果文化“形貌”的“形”等于“形态、形式”，外在形态就可以视为中华文化包括道教文化衍生出来“道器相生”说。而其中“形而下”的“器”就蕴含着“形式、形态”。中华哲学往往将很多社会现象上升到哲学理论的语言提炼之中。德裔犹太人、人类学家克鲁伯对印第安等族群进行人类学调查，他提出的人类学中的文化形貌理论概括出了人类学、文化学上的“文化史”的基本情形与状态。因此，对应中华文化“道器相生”的理念是非常贴切的。

其次，文化“形貌”(“貌”里有“道”)，若“形”为外在的形态，则“貌”应该递进为注重内在本源本质的“道”。当然，随着本课题不断地深化研究，思考的层次、维度、“横切面”、“竖切面”都会自然而然地深入，也就是克鲁伯所说的“层次理论说”。就中国传统乡镇聚落的民居建筑空间及公共建筑空间与环境艺术设计的层面，都存在着很多层次理论与现象状态的分析工具，并可以得出一些结论。

再次，既然“道器相生”，相连与相克，那文化的“形与貌”、“相与质”是否也具有此种辩证的逻辑关系呢？东方文化强调宇宙物质世界与精神世界的二分以及辩证法，起源于《易经》的“二元相生相克”，世界“道生一,一生二,二生三,三生万物”，都是“道器相生”的基本现象与根源。从我们生活的聚落乡镇建筑空间里，“形与貌”“相与质”由表及里都存在递进演化。

最后，中华文化的儒、释、道三大文化源流合一后，影响着各种文化理论与思维观念。而结合人类、族群文化研究的“文化形貌理论”，与其至少有三个理论层面的交集和影响。

第一个层面是道的层面。“道器相生相克”与“器以载道”反映了传统乡镇聚落里的核心价值理念，可以在物质形态的器物中，发现其建筑空间形貌承传的“基因”。第二个层面，在儒家文化层面，很多问题的研究是人文情怀的问题，立足于中华传统文化，必须从传统视角来思考。第三个层面是基于佛教的层面，即能以平常心来看待世事，通过深入研究得出很好的结论。

在本书写作之前，对晋中地区各大院的研究已有不少成果，所以笔者的研究并非初级阶段的探讨，只是期望在前人研究成果的基础上扩大研究的视角，通过自身的观察视角和写作方法，从深度和广度两方面探求徽商、晋商民居及公共建筑空间形貌和装饰艺术的特色所在，希望为今后的研究工作提供资料和研究角度。限于资料和学识方面的原因，文章中还存在着诸多不甚完备之处，有待于在日后的学习和实践中进一步充实与完善。希望各位读者给予批评和指正。

参考文献

专著、论文集、学位论文：

[1] 黄维宪、宋光宇．文化形貌理论导师－克鲁伯（Alfred Krober）．允晨文化实业股份有限公司出版．1982.

[2] Alfred L. Kroeber and the Arapaho. Decorative Symbolism of the Arapaho, The Arapaho, and Arapaho Dialects: Bauu Institute. 2011. 9.

[3] Alfred L. Kroeber. Ethnography of The Cahuilla Indians (1908), Kessinger Publishing, LLC. 2007. 10.

[4] 吴良镛．广义建筑学·文化论［M］．北京：清华大学出版社，1989.

[5] 单德启．从传统民居到地区建筑［M］．北京：中国建筑工业出版社，2004.

[6] 王小斌．演变与传承——皖、浙地区传统聚落空间营造策略及当代发展［M］．北京：中国电力出版社，2009.

[7] 王其亨．风水理论研究［M］．天津：天津大学出版社，1992.

[8] 王金平，徐强，韩卫成．山西民居［M］．北京：中国建筑工业出版社，2009.

[9] 刘沛林．家园的景观与基因［M］．北京：商务印书馆，2014.

[10] 单德启．安徽民居［M］．北京：中国建筑工业出版社，2009.

[11] 吴晓勤．世界文化遗产——皖南古村落规划保护方案保护方法研究［M］．北京：中国建筑工业出版社，2002.

[12] 沈福煦，沈鸿明．中国建筑装饰艺术文化源流［M］．武汉：湖北工业出版社，2002.

[13] 李晓峰．乡土建筑——跨学科研究理论与方法［M］．北京：中国建筑工业出版社，2005.

[14] 王世仁．理性与浪漫的交织——中国建筑美学论文集［M］．北京：中国建筑工业出版社，1987.

[15] 刘学军．中国古建筑文学意境审美［M］．北京：中国环境科学出版社，1998.

[16] 楼庆西. 乡土建筑装饰艺术 [M]. 北京：中国建筑工业出版社，2006.

[17] 吴良镛. 人居环境科学导论 [M]. 北京：中国建筑工业出版社，2009.

[18] 吕品晶. 中国传统艺术——建筑装饰 [M]. 北京：中国建筑工业出版社，2000.

[19] 李振宇，包小枫. 中国古典建筑装饰图案集 [M]. 上海：上海书店，1993.

[20] 张绮曼，郑曙阳. 室内设计资料集 [M]. 北京：中国建筑工业出版社，1991.

[21] 侯幼斌. 中国建筑美学 [M]. 哈尔滨：黑龙江科学技术出版社，1997.

[22] 易心，肖翱子. 中国民间美术 [M]. 长沙：湖南大学出版社，2004：17.

[23] 展望之. 中国装饰文化 [M]. 上海：上海古籍出版社，2001.

[24] 沈福煦. 中国古代建筑文化史 [M]. 上海：上海古籍出版社，2001.

[25] 楼庆西. 中国传统建筑装饰 [M]. 北京：中国建筑工业出版社，1999.

[26] (日) 芦原义信. 外部空间设计 [M]. 尹培桐译. 北京：中国建筑工业出版社，1985.

[27] 刘森林. 中华装饰——传统民居装饰意匠 [M]. 上海：上海大学出版社，2004.

[28] 张宏，高介华. 中国古代住居与住居文化 [M]. 武汉：湖北教育出版社，2006.

[29] 郭廉夫，丁涛，诸葛铠. 中国纹样辞典 [M]. 天津：天津教育出版社，1998：289-294.

[30] (美) 巴里·A·伯克斯 (Barry A. Berkus). 艺术与建筑 [M]. 刘俊，蒋家龙，詹晓薇译. 北京：中国建筑工业出版社，2003.

[31] (日) 伊东忠太. 中国古建筑装饰 (上) [M]. 刘云俊，张晔等译. 北京：中国建筑工业出版社，2006.

[32] 胡媛媛. 山西传统民居形式与文化初探 [D]. 合肥：合肥工业大学，2007.

[33] 李娜. 乔家大院建筑风格的美学阐释 [D]. 西安：陕西师范大学，2008.

[34] 韩朝炜. 山西晋中传统民居的生态性研究 [D]. 北京：北京林业大学，2006.

[35] 束冬冬. 黟县古聚落景观研究初探 [D]. 大连：大连理工大学，2011.

[36] 王玮. 试论明清徽州宗族的道德教化 [D]. 合肥：安徽大学，2006.

[37] 乔飞. 南北传统民居建筑装饰同异性探析——以徽州民居宏村和晋中民居乔家堡为例 [D]. 太原：太原理工大学，2006.

[38] 李娜. 乔家大院建筑风格的美学阐释 [D]. 西安：陕西师范大学，2008.

[39] 刘俊. 气候与徽州民居 [D]. 合肥：合肥工业大学硕士论文，2007.

期刊文章：

[40] 吴良镛. 中国建筑文化研究与创造的历史任务 [J]. 城市规划，2003，27 (1)：14.

[41] 陈绶祥. 民居装饰散论 [J]. 装饰，1991 (4).

[42] 赖德劭，黄中和. 传统民居装饰与儒家文化 [J]. 小城镇建设，2001 (9).

[43] 张锦秋. 传统空间意识与空间美——建筑创作中的思考 [J]. 建筑学报，1990 (10).

[44] 吴永发. 徽州民居美学特征的探讨 [J]. 合肥工业大学学报，2003，17（1）：80-82.

[45] 邓莉文. 传统与现代的融合与互渗——从传统装饰造型中借鉴到转换的装饰造型法 [J]. 湘南学院学报，2005（2）.

[46] 孙大章. 传统民居建筑美学特征试探 [J]. 中国勘察设计，1997（5）.

[47] 张禾，丑国珍. 传统民居中的审美意识 [J]. 四川建筑，1999（2）.

[48] 陈志精. 略论徽州古民居建筑学审美意蕴 [J]. 忻州师专学报，2001（11）.

[49] 陆琦. 传统民居装饰的文化内涵 [J]. 华中建筑，1998.

[50] 吕红. 徽州明清时期民居建筑的艺术特色及其成因 [J]. 山东科技大学学报，2001.

[51] 刘森林. 中国传统民居装饰中的整体意境 [J]. 家具与室内装饰，2004（4）.

[52] 高宇波. 晋商民居建筑文化 [J]. 太原理工大学学报，1999（1）.

[53] 张敏龙. 中国传统民居研究之我见 [J]. 华中建筑，1996.

[54] 亢智毅，黄琪. 晋中民居空间解析 [J]. 四川建筑，2002（1）.

[55] 徐清泉. 天人合一：中国传统建筑文化的审美精神 [J]. 新疆大学学报（哲学社会科学版），1995（2）.